高等职业教育土建类专业课程改革系列教材

建筑工程施工组织设计

主　编　李树芬

参　编　张　涛　杨　洁　罗一鸣

主　审　张玉杰

机 械 工 业 出 版 社

本书结合高职高专课程改革精神，吸取传统教材优点，充分考虑高职就业实际，分 5 章介绍了建筑工程施工组织设计的相关知识。全书主要内容包括施工准备工作、建筑工程施工进度设计优化、施工方案的编制和保障措施，另外还设置了单位工程施工组织设计任务书及指导书，内容丰富翔实，文字通俗易懂。

本书可作为高等职业院校土建类相关专业的教学用书，也可供广大土建工程技术人员参考使用。

为方便教学，本书配有电子课件，凡使用本书作为教材的教师可登录机工教育服务网 www.cmpedu.com 注册下载。咨询电话：010-88379375。

图书在版编目（CIP）数据

建筑工程施工组织设计 / 李树芬主编 . —北京：机械工业出版社，2020.12
（2022.8 重印）
高等职业教育土建类专业课程改革系列教材
ISBN 978-7-111-66939-5

Ⅰ . ①建… Ⅱ . ①李… Ⅲ . ①建筑工程—施工组织—设计—高等职业教育—教材 Ⅳ . ① TU721.1

中国版本图书馆 CIP 数据核字（2020）第 228397 号

机械工业出版社（北京市百万庄大街 22 号 邮政编码 100037）
策划编辑：常金锋　　责任编辑：常金锋　臧程程
责任校对：李　杉　　封面设计：张　静
责任印制：单爱军

北京虎彩文化传播有限公司印刷

2022 年 8 月第 1 版第 3 次印刷
184mm×260mm · 12 印张 · 277 千字
标准书号：ISBN 978-7-111-66939-5
定价：36.00 元

电话服务	网络服务
客服电话：010-88361066	机 工 官 网：www.cmpbook.com
010-88379833	机 工 官 博：weibo.com/cmp1952
010-68326294	金 书 网：www.golden-book.com
封底无防伪标均为盗版	机工教育服务网：www.cmpedu.com

Preface 前言

　　"建筑工程施工组织设计"是高职高专建筑工程技术专业的一门主要课程，主要研究建筑工程施工组织的规律，是将流水施工原理、网络计划技术和施工案例设计融为一体的综合性课程。

　　建筑工程施工组织具有涉及面广，综合性、实践性、技术性强，发展快等特点，本书结合高等职业教育培养应用型、实用型人才的要求，注重理论结合实践、解决实际问题，既保证了全书的系统性和完整性，又体现了内容的先进性、实用性和可操作性，便于实施教学。

　　本书根据高职高专建筑工程施工组织设计的课程标准和建筑类管理人员从业资格相关要求编写，全书共5章，主要包括：施工准备工作、建筑工程施工进度设计优化、施工方案的编制和保障措施，并设置了单位工程施工组织设计任务书及指导书。本书适用于高职高专建筑工程技术、建设工程管理、工程造价、建设工程监理等专业教学，也可供建筑工程施工一线工作人员参考使用。

　　参与本教材编写的人员有：贵州交通职业技术学院罗一鸣（第1章）、贵州交通职业技术学院李树芬（第2章、第3章）、贵州交通职业技术学院杨洁（第4章）、贵州交通职业技术学院张涛（第5章）。本书由贵州交通职业技术学院张玉杰教授主审。

　　由于时间紧张，编者水平有限，书中难免有不足之处，恳请读者批评指正。

编　者

目录　Contents

前言

| 第 1 章 | 施工准备工作 | 1 |

1.1　施工准备工作的认知 1
1.2　资源准备 4
1.3　施工现场准备 12
复习思考题 18
习题 18

| 第 2 章 | 建筑工程施工进度设计优化 | 19 |

2.1　流水施工基本知识 19
2.2　网络计划技术 36
2.3　网络计划优化 60
复习思考题 72
习题 73

| 第 3 章 | 施工方案的编制 | 77 |

3.1　土石方开挖工程施工方案的编制 77
3.2　基坑降水、支护工程施工方案编制 83
3.3　模板及支撑体系施工方案编制 97
3.4　脚手架施工方案编制 118
复习思考题 137
习题 137

| 第 4 章 | 保障措施 | 139 |

4.1　质量保障措施 139
4.2　进度保障措施 150
4.3　安全文明施工 158
4.4　特殊季节施工保障措施 167

复习思考题 177

习题 178

| 第 5 章 | 单位工程施工组织设计任务书及指导书 | 179 |

5.1   单位工程施工组织设计任务书 179

5.2   单位工程施工组织设计指导书 182

复习思考题 185

习题 185

参考文献   186

第1章
施工准备工作

知识目标

1. 了解施工准备工作的意义、分类及要求;
2. 掌握施工准备工作的内容及方法。

技能目标

1. 能够进行建筑工程施工准备;
2. 能够编制简单工程的施工准备工作计划。

1.1 施工准备工作的认知

1.1.1 施工准备工作的意义

施工准备工作是为了保证工程顺利开工和施工活动正常进行而必须事先做好的各项准备工作。它是施工程序中的重要环节,不仅存在于开工之前,而且贯穿在整个施工过程之中。为了保证工程项目顺利地进行施工,必须做好施工准备工作。

做好施工准备工作具有以下意义:

1. 遵循建筑施工程序

"施工准备"是建筑施工程序的一个重要阶段。现代工程施工是十分复杂的生产活动,其技术规律和社会主义市场经济规律要求工程施工必须严格按建筑施工程序进行。只有认真做好施工准备工作,才能取得良好的建设效果。

2. 降低施工风险

就工程项目施工的特点而言,其生产受外界干扰及自然因素的影响较大,因而施工中可能遇到的风险就多。只有充分做好施工准备工作,采取预防措施,加强应变能力,才能有效地降低风险损失。

3. 创造工程开工和顺利施工条件

工程项目施工中不仅需要耗用大量材料,还要使用许多机械设备、组织安排各工种劳动力，涉及广泛的社会关系，而且还要处理各种复杂的技术问题，协调各种配合关系，因而需要统筹安排和周密准备，才能使工程顺利开工，开工后能连续顺利地施工且能得到各方面条件的保证。

4. 提高企业经济效益

认真做好工程项目施工准备工作，能调动各方面的积极因素，合理组织资源进度、提高工程质量、降低工程成本，从而提高企业经济效益和社会效益。

实践证明，施工准备工作的好与坏，将直接影响建筑产品生产的全过程。重视和做好施工准备工作，积极为工程项目创造一切有利的施工条件，则工程就能顺利开工，取得施工的主动权；反之，如果违背施工程序，忽视施工准备工作，或工程仓促开工，必然在工程施工中受到各种矛盾掣肘、处处被动，以致造成重大的经济损失，甚至造成施工停顿、质量安全事故等恶果。

1.1.2 施工准备工作的分类

1. 按工程项目施工准备工作的范围不同分类

按工程项目施工准备工作的范围不同，一般可分为全场性施工准备、单位工程施工条件准备和分部分项工程作业条件准备三种。

（1）全场性施工准备　它是以一个建筑工地为对象而进行的各项施工准备。其特点是它的施工准备工作的目的、内容都是为全场性施工服务的，它不仅要为全场性的施工活动创造有利条件，而且要兼顾单位工程施工条件的准备。

（2）单位工程施工条件准备　它是以一个建筑物或构筑物为对象而进行的施工条件准备工作。其特点是它的准备工作的目的、内容都是为单位工程施工服务的，它不仅为该单位工程在开工前做好一切准备，而且要为分部分项工程做好施工准备工作。

（3）分部分项工程作业条件准备　它是以一个分部分项工程或冬雨期施工为对象而进行的作业条件准备。

2. 按拟建工程所处的施工阶段的不同分类

按拟建工程所处的施工阶段不同，一般可分为开工前的施工准备和各施工阶段前的施工准备两种。

（1）开工前的施工准备　它是在拟建工程正式开工之前所进行的一切施工准备工作。其目的是为拟建工程正式开工创造必要的施工条件。它既可能是全场性的施工准备，又可能是单位工程施工条件的准备。

（2）各施工阶段前的施工准备　它是在拟建工程开工之后，每个施工阶段正式开工之前所进行的一切施工准备工作。其目的是为施工阶段正式开工创造必要的施工条件。如混合结构的民用住宅的施工，一般可分为地下工程、主体工程、装饰工程和屋面工程等施工阶段，每个施工阶段的施工内容不同，所需要的技术条件、物资条件、组织要求和现场布置等也不同，因此在每个施工阶段开工之前，都必须做好相应的施工准备工作。

1.1.3 施工准备工作的内容和要求

1. 施工准备工作的内容

施工准备工作有组织、有计划、有步骤、分阶段地贯穿于整个工程建设中。认真细致地做好施工准备工作，对充分发挥各方面的积极因素，合理利用资源，加快施工速度，提高工程质量，确保施工安全，降低工程成本及获得较好的经济效益都起着重要作用。

工程项目施工准备工作按其性质及内容通常包括技术准备、物资准备、劳动组织准备、施工现场准备和施工场外准备。

2. 施工准备工作的要求

（1）施工准备工作应有组织、有计划、分阶段、有步骤地进行

1）建立施工准备工作的组织机构，明确相应管理人员。

2）编制施工准备工作计划表，保证施工准备工作按计划落实。

3）将施工准备工作按工程的具体情况划分为开工前、地基基础工程、主体工程、屋面与装饰装修工程等时间区段，分期、分段、分阶段、有步骤地进行。

（2）建立严格的施工准备工作责任制　由于施工准备工作项目多、范围广，因此必须建立严格的责任制，按计划将责任落实到有关部门及个人，明确各级技术负责人在施工准备工作中应负的责任，以便按计划要求的内容和时间进行工作。现场施工准备工作应由项目经理部负全部职责。

（3）建立相应的检查制度　在施工准备工作实施过程中，应定期进行检查，可按周、半月、月度进行检查。主要检查施工准备工作计划与实际进度相符的情况。检查的目的在于督促工作开展、发现薄弱环节、不断改进工作。如果没有完成计划要求，应进行分析，找出原因，排除障碍，协调施工准备工作进度或调整施工准备工作计划。检查的方法可采用实际与计划对比法，或采用相应单位、人员分组对应制，检查施工准备工作情况，分析产生问题的原因，提出解决问题的方法。后一种方法见效快，解决问题及时，现场采用较多。

（4）按基本建设程序办事，严格执行开工报告制度　当施工准备工作完成到具备开工条件后，项目经理部应提交申请开工报告，经企业领导审查批准后方可开工。实行建设监理

的工程，企业还应该将开工报告送监理工程师审批，由监理工程师签发开工通知书，在限定时间内开工，不得拖延。

（5）施工准备工作必须贯穿施工全过程　工程开工后，要随时做好作业条件的施工准备工作。施工顺利与否，就看施工准备工作的及时性和完善性。因此，企业各职能部门要面向施工现场，像重视施工活动一样重视施工准备工作，及时解决施工准备工作中的技术、机械设备、材料、人力、资金、管理等各种问题，以提供工程施工的保证条件。项目经理（部）应十分重视施工准备工作，加强施工准备工作的计划性，及时做好协调工作。

（6）施工准备工作要取得各协作相关单位的友好支持和配合　由于施工准备工作涉及面广，因此，除了施工单位本身的努力外，还应取得建设单位、监理单位、供应单位、银行及其他协作单位的大力支持，分工负责，统一步调，共同做好施工准备工作，以缩短施工准备工作的时间，争取早日开工，施工中密切配合，保证整个施工过程顺利进行。

1.2　资源准备

施工准备工作的资源准备包括：调查研究与收集资料、技术资料的准备、劳动力及物资的准备等。

1.2.1　调查研究与收集资料

对一项工程所涉及的自然条件和技术条件等施工资料进行调查研究与收集资料，是施工准备工作的一项重要内容，也是编制施工组织设计的主要依据。因为建筑工程施工涉及的单位多、内容广、情况多变、问题复杂，编制施工组织设计的人员对建设地区的技术经济条件、场地特征和社会情况等，往往不太熟悉，特别是建筑工程的施工在很大程度上要受当地技术经济条件的影响和约束。

因此，编制出一个符合实际情况、切实可行、质量较高的施工组织设计，就必须做好调查研究，了解实际情况，熟悉当地条件，收集原始资料和参考资料，掌握充分的信息，特别是定额信息及建设单位、设计单位、施工单位的有关信息。

原始资料的调查工作应有计划、有目的地进行，事先要拟订明确详细的调查提纲。

调查的范围、内容、要求等，应根据拟建工程的规模、性质、复杂程度、工期以及对当地熟悉了解程度而定。到新的地区施工，调查了解、收集资料应全面、细致一些。

首先应向建设单位、勘察设计单位收集工程资料。如工程设计任务书，工程地质、水文勘察资料，地形测量图，初步设计或扩大初步设计以及工程规划资料，工程规模、性质、建筑面积、投资等资料。

其次是向当地气象台（站）调查有关气象资料，向当地有关部门、单位收集当地政府的有关规定及建设工程的提示，以及有关协议书，了解社会协议书，了解劳动力、运输能力和地方建筑材料的生产能力。

通过对以上原始材料的调查，做到心中有数，为编制施工组织设计提供充分的资料和依据。

原始资料的调查包括技术经济资料调查、建设场地勘察和社会资料调查。

（1）技术经济资料调查　主要包括建设地区的能源、交通、材料、半成品及成品等内容，作为选择施工方法和确定费用的依据。

1）建设地区的能源调查：能源一般是指水源、电源、气源等。能源资料可向当地城建、电力、电话（报）局建设单位等进行调查，主要用作选择施工用临时供水、供电和供气的方式，提供经济分析比较的依据。建设地区能源调查的内容和目的见表 1-1。

表 1-1　建设地区能源调查的内容和目的

序号	项目	调查内容	调查目的
1	供排水	1. 工地用水与当地现有水源连接的可能性、可供水量，接管地点、管径、材料、埋深，水压、水质及水费，至工地距离，沿途地形、地物状况 2. 自选临时江河水源的水质、水量，取水方式、至工地距离，沿途地形、地物状况，自选临时水井的位置、深度、管径、出水量和水质 3. 利用永久性排水设施的可能性，施工排水的去向、距离和坡度，有无洪水影响，防洪设施状况	1. 确定施工及生活供水方案 2. 确定工地排水方案和防洪设施 3. 拟订供排水设施的施工进度计划
2	供电与电讯	1. 当地电源位置，引入的可能性，可供电的容量、电源、导线截面和电费，引入方向，接线地点及其至工地距离，沿途地形、地物的状况 2. 建设单位和施工单位自有的发、变电设备的型号、台数和容量 3. 利用邻近电讯设施的可能性，电话、电报局等至工地的距离，可能增设电讯设备、线路的情况	1. 确定施工供电方案 2. 确定施工通信方案 3. 拟定供电、通信设备的施工进度计划
3	供气	1. 蒸汽来源，可供蒸汽量，接管地点、管径、深埋，至工地距离，沿途地形、地物状况，蒸汽价格 2. 建设、施工单位自有锅炉的型号、台数和能力，所需燃料和水质标准 3. 当地或建设单位可能提供的压缩空气、氧气的能力，至工地距离	1. 确定施工及生活用气的方案 2. 确定压缩空气、氧气的供应计划

2）建设地区的交通调查：交通运输方式一般有铁路、公路、水路、航运等，交通资料可向当地铁路、交通运输和民航等管理局的业务部门进行调查，主要作为组织施工运输业务、选择运输方式、提供经济分析比较的依据。建设地区交通调查的内容和目的见表 1-2。

表1-2　建设地区交通调查的内容和目的

序号	项目	调查内容	调查目的
1	铁路	1. 邻近铁路专用线、车站至工地的距离及沿途运输条件 2. 站场卸货长度，起重能力和储存能力 3. 装载单个货物的最大尺寸、重量的限制 4. 运费、装卸费和装卸力量	1. 选择施工运输方式 2. 拟定施工运输计划
2	公路	1. 主要材料产地至工地的公路等级，路面构造宽度及完好情况，允许最大载重量；途经桥涵等级，允许最大载重量 2. 当地专业运输机构及附近村镇能提供的装卸、运输能力，汽车、畜力车、人力车的数量及运输效率，运费、装卸费 3. 当地有无汽车修配厂，修配能力和至工地距离	
3	航运	1. 货源、工地至邻近河流、码头渡口的距离，道路情况 2. 洪水、平水、枯水期时，通航的最大船只及号位，取得船只的可能性 3. 码头装卸能力，最大起重量，增设码头的可能性 4. 渡口的渡船能力，同时可载汽车、马车数，每日次数，能为施工提供的能力 5. 运费、渡口费、装卸费	

3）主要材料的调查：内容包括三大材料（钢材、木材和水泥）、特殊材料和主要设备。这些资料一般向当地工程造价管理站及有关材料、设备供应部门进行调查，作为确定材料供应、储存和设备订货、租赁的依据。主要材料和设备调查的内容和目的见表1-3。

表1-3　主要材料和设备调查的内容和目的

序号	项目	调查内容	调查目的
1	三大材料	1. 钢材订货的规格、钢号、数量 2. 木材订货的规格、等级、数量 3. 水泥订货的品种、强度等级、数量	1. 确定临时设施的堆放场地 2. 确定木材加工计划 3. 确定水泥储存方式
2	特殊材料	1. 需要的品种、规格、数量 2. 试制、加工和供应情况	1. 制订供应计划 2. 确定储存方式
3	主要设备	1. 主要工艺设备名称、规格、数量和供货单位 2. 分批和全部到货时间	1. 确定临时设施和堆放场地 2. 拟定防雨措施

4）半成品及成品的调查：内容包括地方资源和建筑企业的情况。这些资料一般向当地计划、经济及建筑等管理部门进行调查，可用作确定材料、构配件、制品等货源的加工供应方式、运输计划和规划临时设施。地方资源的调查内容见表1-4。

表 1-4　地方资源的调查内容

序号	材料名称	产地	储藏量	质量	开采量	出厂价	运距	运费	单位运价
1									
…									
…									

注：1. 表中材料的名称栏可按块石、碎石、砾石、砂、工业废料（包括矿渣、炉渣、粉煤灰）等填写。

　　　2. 调查目的：落实地方物资准备工作。

地方建筑材料及构件生产企业调查内容见表 1-5。

表 1-5　地方建筑材料及构件生产企业调查内容

序号	企业名称	产品名称	单位	规格	质量	生产能力	生产方式	出厂价格	运距	运输方式	单位运价	备注
1												
…												
…												

注：表中企业及产品名称栏可按构件厂、木材厂、金属结构厂、砂石厂、建筑设备厂、砖瓦厂、石灰厂等填写。

（2）建设场地勘察　主要是了解建设地点的地形、地貌、水文、气象以及场址周围环境和障碍物情况等，可作为确定施工方法和技术措施的依据。建设场地勘察的调查内容和目的见表 1-6。

表 1-6　建设场地勘察的调查内容和目的

项目	调查内容	调查目的
气温	1. 年平均最高、最低温度，最冷、最热月份的逐日平均温度 2. 冬、夏季室外计算温度 3. ≤ -3℃、0℃、5℃的天数、起止时间	1. 确定防暑降温的措施 2. 确定冬期施工措施 3. 估计混凝土、砂浆强度
降雨（雪）	1. 雨季起止时间 2. 月平均降雨（雪）量、最大降雨（雪）量、昼夜最大降雨（雪）量 3. 全年雷暴日数	1. 确定雨期施工措施 2. 确定工地排水、御洪方案 3. 确定工地防雷设施
风	1. 主导风向及频率（风玫瑰图） 2. ≥ 8级风的全年天数、时间	1. 确定临时设施的布置方案 2. 确定高空作业及吊装的技术安全措施

（续）

项目	调查内容	调查目的
地形	1. 区域地形图：1/25000～1/10000 2. 工程位置地形图：1/2000～1/1000 3. 该地区城市规划图 4. 经纬坐标桩、水准基桩位置	1. 选择施工用地 2. 布置施工总平面图 3. 场地平整及土方量计算 4. 了解障碍物及其数量
地质	1. 钻孔布置图 2. 地质剖面图：土层类型、厚度 3. 物理力学指标：天然含水量、孔隙率、塑性指数、渗透系数、压缩试验及地基土强度 4. 底层的稳定性：断层滑块、流砂 5. 最大冻结深度 6. 地基土破坏情况，钻井、古墓、防空洞及地下构筑物	1. 土方施工方法的选择 2. 地基土的处理方法 3. 基础施工方法 4. 复核地基基础设计 5. 拟定障碍物拆除方案
地震	地震等级	确定对基础、结构的影响，施工注意事项
地下水	1. 最高、最低水位及时间 2. 水的流速、流向、流量 3. 水质分析，水的化学成分 4. 抽水试验、测定水量	1. 基础施工方案选择 2. 降低地下水的方法 3. 拟定防止侵蚀性介质的措施
地面水	1. 邻近江河湖泊距工地的距离 2. 洪水、平水、枯水期的水位、流量及航道深度 3. 水质分析 4. 最大、最小冻结深度及冻结时间	1. 确定临时给水方案 2. 确定施工运输方案 3. 确定水工工程施工方案 4. 确定工地防洪方案
周围环境及障碍物	1. 施工区域现有建筑物、构筑物、沟渠、水流、树木、高压电线路等 2. 临近建筑坚固程度及其中人员工作、生活、健康状况	1. 及时拆迁、拆除 2. 做好保护 3. 合理布置施工平面图 4. 合理安排施工进度

1）地形、地貌的检查：内容包括工程的建设规划图、区域地形图、工程位置地形图，水准点、控制桩的位置，现场地形、地貌特征，勘察高程及高差等。对地形简单的施工现场，一般采用目测和步测；对场地地形复杂的施工现场，可用测量仪器进行观测，也可向规划部门、建设单位、勘察单位等进行调查。这些资料可作为设计施工平面图的依据。

2）工程地质及水文地质的调查：工程地质包括地层构造、土层的类别及厚度、土的性质、承载力及地震级别等。水文地质包括地下水的质量，含水层的厚度，地下水的流向、流量、流速、最高和最低水位等。这些内容的调查，主要是采取观察的方法，如直接观察附近的土坑、沟道的断层，附近建筑物的地基情况，地面排水方向和地下水的汇集情况；钻孔观察地层构造、土的性质及类别、地下水的最高和最低水位。还可向建设单位、设计单位、勘察单位等进行调查，作为选择基础施工方法的依据。

3）气象资料的调查：气象资料主要指气温（包括全年、各月平均温度，最高与最低温度，5℃及0℃以下天数、日期）、雨情（包括雨期起止时间，年、月降水量，日最大降水量等）和风情（包括全年主导风向频率、大于八级风的天数及日期）等资料。向当地气象部门进行调查，可作为确定冬雨期施工的依据。

4）周围环境及障碍物的调查：内容包括施工区域有建筑物、构筑物、沟渠、水井、树木、土堆、电力架空线路、地下沟道、人防工程、上下水管道、埋地电缆、煤气及天然气管道、地下杂填坑、枯井等。这些资料要通过实地踏勘，并向建设单位、设计单位等调查取得，可作为布置现场施工平面的依据。

（3）社会资料调查　主要包括建设地区的政治、经济、文化、科技、风土、民俗等内容。其中社会劳动力和生活设施、参加施工各单位情况的调查资料，可作为安排劳动力、布置临时设施和确定施工力量的依据。

1）社会劳动力和生活设施的调查：内容和目的见表1-7。这些资料可向当地劳动、商业、卫生、教育、邮电、交通等主管部门调查。

表 1-7　社会劳动力和生活设施的调查

序号	项目	调查内容	调查目的
1	社会劳动力	1. 少数民族地区的风俗习惯 2. 当地能提供的劳动力人数、技术水平和来源 3. 上述人员的生活安排	1. 拟定劳动力计划 2. 安排临时设施
2	房屋设施	1. 必须在工地居住的单身人数和户数 2. 能作为施工用的现有的房屋栋数，每栋面积，结构特征，总面积、位置，水、暖、电、卫设备状况 3. 上述建筑物的适宜用途，用作宿舍、食堂、办公室的可能性	1. 确定现有房屋为施工服务的可能性 2. 安排临时设施
3	周围环境	1. 主副食品供应，日用品供应，文化教育，消防治安等机构为施工提供的支援能力 2. 邻近医疗单位至工地的距离，可能就医的情况 3. 当地公共汽车、邮电服务情况 4. 周围是否存在有害气体、污染情况，有无地方病	安排职工生活基地，解除后顾之忧

2）施工单位情况的调查：内容和目的见表1-8，这部分资料可向建筑施工企业及主管部门调查。

表 1-8　施工单位情况的调查

序号	项目	调查内容	调查目的
1	工人	1. 工人的总数、各专业工种的人数、能投入本工程的人数 2. 专业分工及一专多能情况 3. 定额完成情况	1. 了解总、分包单位的技术、管理水平 2. 选择分包单位 3. 为编制施工组织设计提供依据
2	管理人员	1. 管理人员总数，各种人员比例及人数 2. 工程技术人员的人数，专业构成情况	
3	施工机械	1. 名称、型号、规格、台数及其新旧程度（列表） 2. 总装配程度，技术装备率和动力装备率 3. 拟增购的施工机械明细表	
4	施工经验	1. 历史上曾经施工过的主要工程项目 2. 习惯采用的施工方法，曾采用的先进施工方法 3. 科研成果和技术更新情况	
5	主要指标	1. 劳动生产率指标：产值、产量、全员建安劳动生产率 2. 质量指标：产品优良率及合格率 3. 安全指标：安全事故频率 4. 利润成本指标：产值、资金利用率、成本计划实际降低率 5. 机械设备完好率、利用率和效率	

3）参考资料的收集。在编制施工组织设计时，为弥补原始资料的不足，还要借助一些相关的参考资料作为依据。这些参考资料可利用现有的施工定额、施工手册、建筑施工常用数据手册、施工组织设计实例或平时施工的实践经验获得。

1.2.2　技术资料的准备

技术资料的准备即通常所说的室内准备，即内业准备，它是施工准备的核心，指导现场施工准备工作，对保证建筑产品质量、实现安全生产、加快工程进度、提高工程经济效益都具有十分重要的意义。其内容一般包括熟悉与会审图纸、签订施工合同、编制施工组织设计、编制施工图预算和施工预算。

1. 熟悉与会审图纸

（1）熟悉图纸　施工员阅读图纸时，应重点熟悉掌握以下内容。

1）基础部分：核对建筑、结构、设备施工图中关于基础留洞的位置及标高，地下室排水方向，变形缝及人防出口做法，防水体系的包圈及收头要求等。

2）主体结构部分：各层所用的砂浆、混凝土强度等级，墙、柱与轴线的关系，梁、柱的配筋及节点做法，悬挑结构的锚固要求，楼梯间的构造，设备图和土建图上洞口尺寸及位置的关系。

3）屋面及装饰方向：屋面防水节点做法，结构施工时为装饰施工提供的预埋件和预留洞口，内外墙和地面等材料及做法。

在熟悉图纸的过程中，发现问题应做出标记和记录，以便在图纸会审时提出。

（2）图纸会审　一般由建设单位组织，设计、施工及监理单位参加。会审时，先由设计单位进行图纸交底，然后各方提出问题。经过充分协商，统一意见，形成图纸会审纪要，由建设单位正式行文，参加会议的各单位盖章，作为与设计图同时使用的技术文件。

图纸会审的主要内容如下：

1）图纸设计是否符合国家有关技术规范，且符合经济合理、美观适用的原则。

2）图纸及说明是否完整、齐全、清楚，图中的尺寸、标高是否准确，图纸之间是否矛盾。

3）施工单位在技术上有无困难，能否确保质量和安全，装备条件是否能满足。

4）地下与地上、土建安装、结构与装饰是否有矛盾，各种设备管道的布置对土建施工是否有影响。

5）各种材料、配件、构件等采购供应是否有问题，规格、性质、质量等能否满足设计要求。

6）图纸中不明确或有疑问处，设计单位是否解释清楚。

7）设计、施工中的合理化建议能否采纳。

2. 编制施工组织设计

施工组织设计是规划和指导施工全过程综合性的技术经济文件，是一项重要的施工准备工作。

3. 编制施工图预算和施工预算

在设计交底和图纸会审的基础上，施工组织设计经监理工程师批准后，预算部门即可着手编制单位工程施工图预算和施工预算，以确定人工、材料和机械费用的支出，并确定人工数量、材料消耗数量及机械台班使用量。在施工过程中，要按施工预算严格控制各项指标，以促进降低工程成本和提高施工管理水平。

1.2.3 劳动力及物资的准备

1. 劳动力组织准备

劳动力组织准备就是施工队伍的准备，包括建立项目管理机构和专业或混合施工队，组织劳动力进场，进行计划和任务交底等。

（1）项目管理人员的配备　应视工程规模和难易程度而定。一般单位工程，设一名项目经理、施工员（工长）及材料员等人员即可；大型的单位工程或建筑群，需配备一套项目管理班子，包括施工、技术、材料、计划等管理班子。

（2）基本施工队伍的确定　根据工程特点，选择恰当的劳动组织形式。土建施工队伍是混合队伍形式，其特点是人员配备少，工人以本工种为主兼做其他工作，工序之间搭接比较紧凑，劳动效率高。如砖混结构的主体阶段主要以瓦工为主，配有架子工、木工、钢筋工、混凝土及机械工；装修阶段则以抹灰工为主，配有木工、电工等。对装配式结构，则以结构吊装为主，配备适当的电焊工、木工、钢筋工、混凝土工、瓦工等。对全现浇结构，混凝土工是主要工种，由于采用工具式模板，操作简便，所以不一定配备木工，只要有一些熟练的操作即可。

（3）专业施工队伍的组织　机电安装及消防、空调、通信系统等设备，一般由生产厂家进行安装和调试，有的施工项目需要机械化施工公司承担，如土石方、吊装工程等。这些都应在施工准备中以签订承包合同的形式予以明确，以便组织施工队伍。

（4）外包施工队伍的组织　由于建筑市场的开放及用工制度的改变，施工单位仅靠本身的力量来完成各项施工任务已不能满足要求，要组织外包施工队伍共同承担。外包施工队伍大致有独立承担单位工程的施工，承担分部、分项工程的施工，参与施工单位的班组施工等三种形式。

2. 施工物资的准备

材料、构件、机具等物资是保证施工任务完成的物质基础。根据工程需要确定用量计划，及时组织货源，办理订购手续，安排运输和贮备，满足连续施工的需要。对特殊的材料、构件、机具，更应提早准备。

材料和构件除了按需用量计划分期、分批组织进场外，还要根据施工平面图规定的位置堆放。按计划组织施工机具进场，做好井架搭设、塔式起重机布置及各种机具的位置安排，并根据需要搭设操作棚，接通动力和照明线路，做好机械的试运行工作。

1.3　施工现场准备

施工现场准备工作，主要是为施工项目创造有利的施工条件，是保证工程计划开工和顺利进行的重要环节。

1.3.1　现场准备工作的范围及各方职责

施工现场准备工作有两个方面的工作，一方面是建设单位应完成的施工现场准备工作；另一方面是施工单位应完成的施工现场准备工作。建设单位与施工单位的施工现场准备工作完成时，施工现场就具备了施工条件。

1. 建设单位施工现场准备工作

建设单位要按合同条款中约定的内容和时间完成以下工作：

1）办理土地征用、拆迁补偿、平整施工场地等工作，使施工现场具备施工条件。

2）将施工所需水、电、电信线路从施工场地外部接至合同约定地点，保证施工期间的需要。

3）开通施工场地与城乡公共道路的通道，以及专用条款约定的施工场地内的主要道路，满足施工运输的需要，保证施工期间的畅通。

4）向承包人提供施工场地的工程地质和地下管线资料，对资料的真实性、准确性负责。

5）办理施工许可证及其他施工所需证件、批件和临时用电、停水、停电、中断道路交通、爆破作业等的申请批准手续。

6）确定水准点与坐标控制点，以书面形式交给承包人，进行现场交验。

7）协调处理施工场地周围的地下管线和邻近建筑物、构筑物（包括文物保护建筑）及古树名木的保护工作，并承担有关费用。

施工现场准备工作，承发包双方也可以在合同专用条款交由施工单位完成，其费用由建设单位承担。

2. 施工单位施工现场准备工作

施工单位施工现场准备工作即通常所说的室外准备，施工单位应按合同条款中约定的内容和时间完成以下工作：

1）根据工程需要，提供和维修非夜间施工使用的照明、围栏设施并负责安全保卫。

2）按照专用条款约定的数量和要求，向发包人提供施工场地办公和生活用房及设施，并承担由此发生的费用。

3）遵守政府有关部门对施工场地交通、施工噪声以及环境保护和安全生产等的管理规定，按规定办理有关手续，并以书面形式通知发包人，发包人承担由此发生的费用，除因承包人责任造成的罚款外。

4）按照专用条款约定做好施工场地下管线和邻近建筑物、构筑物（包括文物保护建筑）及古树名木的保护工作。

5）建立测量控制网。

6）工程用地范围内"七通一平"，其中平整场地的工作由建设单位承担，但建设单位也可以要求施工单位完成，费用由建设单位承担。

7）搭设现场生产和生活所需的临时设施。

1.3.2 拆除障碍物

施工现场内的一切地上、地下障碍物，都应在开工前拆除。该工作一般由建设单位完成，也可委托给施工单位完成。拆除时，要弄清情况，尤其是原有障碍物复杂、资料不全时，应采取相应的措施，防止发生事故。

架空电线、埋地电缆、自来水管、污水管、煤气管道等的拆除，都应与有关部门取得联系并办好手续后，才可进行，一般由专业公司来拆除。场内的树木需报请园林部门批准后方可砍伐。房屋要在水源、电源、气源等截断后即可进行拆除。坚实、牢固的房屋等，采用定向爆破方法拆除，应经有关主管部门批准，由专业施工队拆除。拆除障碍物留下的渣土等杂物都应清除场外。运输时，应遵循交通、环保部门的有关规定，运土的车辆要按指定的路线、时间行驶，并采取封闭运输车或渣土上直接洒水等措施，以免渣土飞扬而污染环境。

1.3.3 建立测量控制网

建筑施工工期长，现场情况变化大，因此，保证控制网的稳定、正确是确保建筑施工质量的先决条件，特别是在城区建设时，障碍物多、通视条件差，给测量工作带来一定的难度，施工时应根据建设单位提供的由规划部门给定的永久性坐标和高程，按建筑总图上的要求进行现场控制网点的测量，妥善设立现场永久坐标桩，为施工全过程的测量创造条件。控制网一般采用方格网，这些方格网的位置应视工程的大小和控制精度而定。建筑方格网多采用 100 ～ 200m 的正方形或矩形组成，如果土方工程需要，还应测绘地形图。通常这项工作由专业测量队完成，但施工单位还应根据施工的具体工作做一些加密网点的补充工作。

在测量放线前，应做好检验校正仪器、校核红线桩（规划部门给定的红线，在法律上起着控制建筑用地的作用）与水准点，制定测量放线方案（如平面控制、标高控制、沉降观测和竣工测量等）等工作。如发现红线桩和水准点有问题，应提交建设单位处理。

建筑物应通过设计图中的平面控制轴线来确定其轮廓位置，测定后提交有关部门和建设单位验线，以保证定位的准确性。沿红线的建筑物，还要由规划部门验线，以防止建筑物压红线或超红线，为正常顺利地施工创造条件。

1.3.4 "七通一平"工作

"七通一平"主要包括：通给水、通排水、通电、通信、通路、通燃气、通热力（七通）以及场地平整（一平）这项工作，应根据施工组织设计中的"七通一平"规划来进行。

1. 通给水

通给水是指规划区内自来水通畅。一般的设计要求能够满足正常生活工作需要。

设计要求：规划区供水满足正常生活工作需要。

设计施工主要内容：规划区给水管网按规划区日最高时用水量设计，管网各段的管径应满足所需的水压。规划区生活用水管网所需的从地面算起的服务水压，根据建筑物层数确定。在水压不足的地方设置增压泵站或水库调节泵站。规划区供水管材选择一般根据输送的水量、管内工作压力、土壤性质和水管供应情况等确定。

施工主要要求：符合《给水排水管道工程施工及验收规范》（GB 50268—2008）要求，由建设方、监理方、设计方和施工方等组织检查验收。

2．通排水

这里的排水包括了规划区内的生活污水以及雨水的排放。

设计要求：规划区内生活污水、雨水排放通畅。

设计施工主要内容：规划区按设计要求敷设了排水管网和雨水管网系统，使规划区生活废水和雨水分流后进入城市综合排水系统，其管道用材、布设、埋深必须满足设计要求，施工竣工验收必须满足相应市政验收规范标准。

施工主要要求：符合市镇排水管渠工程质量检验评定标准要求，由建设方、监理方、设计方和施工方等组织检查验收。

3．通电

通电是指规划区内电缆铺设完毕，一般电力的要求能满足规划区内一般正常生活工作需要。

4．通信

通信是指园区内基本通信设施畅通，通信设施是指电话、传真、邮件、宽带网络、光缆等。

5．通路

通路是指规划区内通往城区的主干道和区内相互联系的支干道通畅。

设计要求：规划区通往城区主干道和规划区内相互联系的支干道通畅。

设计施工主要内容：规划区道路主要分为柔性路面和刚性路面两类，规划区柔性路面设计以双圆垂直均布荷载作用下的多层弹性连续体系理论为基础，以设计弯沉值为路面整体刚度的设计指标，计算路面结构厚度。路面结构采用多层体系由计算机完成，也可采用当量层厚度法换算为三层体系后查诺模图进行计算。道路平面设计和竖向设计必须满足相应城市道路设计标准，其施工验收必须满足相应市政验收规范标准。

施工主要要求：符合市政道路工程质量验收评定标准要求，由建设方、监理方、设计方、施工方等组织检查验收。

6．通燃气

针对需要天然气或煤气的规划区设定的标准，燃气使用要符合整体规划和使用量，符合《城镇燃气输配工程施工及验收规范》（CJJ 33—2005）。

7．通热力

通热力指规划区热力供应通畅。

设计要求：规划区热力满足规划区正常生活工作需要。

设计施工主要内容：规划区内按设计要求埋设了热力管线，其管道用材、布设、埋深必须满足设计要求，施工竣工验收必须满足相应验收规范标准。

施工主要要求：符合《综合布线系统工程验收规范》（GB/T 50312—2016）、《城镇供热管网工程施工及验收规范》（CJJ 28—2014）要求，由建设方、监理方、设计方和施工方等组织检查验收。

8. 场地平整

场地平整，就是指通过挖高填低，将原始地面改造成满足人们生产、生活需要的场地平面。因此必须确定场地平整的设计标高，作为计算挖填土方工程量、进行土方平衡调配、选择施工机械、制定施工方案的依据。

平整施工场地有两个目的，一是通过场地的平整，使场地的自然标高达到设计要求的高度，二是在平整场地的过程中，建立必要的、能够满足施工要求的供水、排水、供电、道路以及临时建筑等基础设施，从而使施工中所要求的必要条件得到充分的满足。

1.3.5 临时设施的搭设

现场生活、生产用的临时设施，应按施工平面图的要求进行搭设。现场所需临时设施，应报请规划、市政、交通、环保等有关部门审查批准。

为了施工方便、行人的安全，应用围墙将施工用地围护起来。围护的形式和材料应符合市容管理的有关规定和要求，并在主要入口处设置标牌，标明工地名称、施工单位、工地负责人等。

所有宿舍、办公用房、仓库、作业棚等，均应按批准的图纸搭建，不得乱搭乱建，并尽可能利用永久性工程。

1.3.6 季节性施工准备

建筑工程施工绝大部分工作是露天作业，受气候影响较大，因此，在冬期、雨期施工中，必须从具体条件出发，正确选择施工方法，做好季节性施工准备工作，以保证按期、保质安全地完成施工任务，取得较好的技术经济效果。

1. 冬期施工准备

1）合理安排好施工进度计划。冬期施工条件差、技术要求高，费用会相应增加，因此，要合理安排好施工进度计划，尽量安排能保证施工质量且费用增加不多的项目在冬期施工，如吊装、室内装饰等工程；而费用会增加较多且不容易保证质量的项目则不宜安排在冬期施工，如室外装饰、油漆、屋面防水等尽量安排在入冬前或来年开春后进行。

2）冬期施工前，明确各分部、分项工程技术负责人员和岗位职责，组织有关人员学习《建筑工程冬期施工规程》（JGJ/T 104—2011），根据各自的实际情况编制冬期施工方案（审批后报技术质量部一份），对其施工程序、防冻、测温及质量安全等方面作周密布署，同时做好冬期施工技术交底，确保每个工序按规范和技术措施组织施工；认真执行质量检验制度，做好质量、安全检查工作，消除质量、安全隐患；应指定专人做好各项冬期施工记录，并妥善归档整理。

3）入冬前，要对现场的技术员、施工员、材料员、试验员及重要工种的班组长、测温人员、司炉工、电焊工、外加剂掺配和高空作业人员进行培训，掌握有关各施工方案、施工方法和质量标准。

4）冬期施工期间，对外加剂添加、原材料加热、混凝土养护和测温、试块制作养护、加热设施管理等各项冬施措施都要设专人负责，及时做好各项记录，并由项目技术负责人和质检员抽查，随时掌握实施状况，发现问题及时纠正，切实保证工程质量。

5）冬期施工期间，应指定专人收听收看天气预报信息，做好记录，并及时传达有关人员。

6）冬施中，应用防冻剂或早强剂或它们的复合型。外加剂应严格执行质量认证制度，须具有产品的质量合格证件，并具有省、自治区、直辖市以上级别的技术鉴定证书，实行许可证制度的地区，还应有产品准入许可证。凡不具备上述条件的产品，不得在工程中使用。

7）现场准备：

①组织好保温材料、燃料、外加剂和加热设备等的采购供应。

②搅拌机棚要封闭，水泥库要加强维护，禁止露天堆放水泥。

③现场加热设备、机械、水电设施要加强维修与保养，临时水管、阀门要采取保温措施。

④做好冬期施工混凝土、砂浆及掺加外加剂的试配试验工作，提供冬期施工配合比。

⑤做好现场排水工作，防止大面积积水或结冰。已施工完的外露基础及上下管道应及时回填覆盖，防止冻坏。

⑥施工过程中要认真保存好完整的冬期施工资料。

2. 雨期施工准备

雨期施工的特点主要有：

（1）不确定性 由于科学技术的限制，气象部门并不能及时提供准确的预测服务；暴雨山洪等恶劣气象往往不期而至，这就需要雨期施工的准备和防范措施有备无患。

（2）突击性 雨水给建筑结构和地基基础的冲刷或浸泡有严重的破坏性，必须迅速及时地防护，才能避免给工程造成损失。

由于雨季对室外施工（如土方工程、屋面工程等）影响极大，为保证工程的顺利进行，应在事先有充分估计并作好合理的施工安排。

（1）合理安排雨期施工 为避免雨期窝工造成损失，一般情况下，在雨期到来之前，应多安排完成基础、地下工程、室外及屋面工程等不宜在雨期施工的项目，多留些室内工作在雨天施工。

（2）加强施工管理，做好雨期施工的安全教育 认真编制雨期施工技术措施（如雨期前后的沉降观测措施等，保证防水层雨期施工质量的措施，保证混泥土配合比、浇筑质量的措施，钢筋除锈的措施等），认真组织实施。加强对职工安全教育，防止各种事故发生。

（3）做好现场排水工作　施工现场的道路、设施必须做到排水通畅，尽量做到雨停水干。要防止地面水排入地下室、基础、地沟内，防止滑坡和塌方。

（4）大小型设施检修及设备维护

1）现场临时设施，如员工宿舍、办公室、食堂及仓库等应进行全面检查，危险建筑物应进行翻修、加固或拆除。

2）暂不用的模板及壁板堆放架应刷好防腐油漆，并应妥善堆放，防止锈蚀。

（5）材料储备与保管

1）原材料及半成品保护：门窗、地板、木构件、石膏板和轻钢龙骨等，应尽量放入室内，加垫码垛放好，并经常通风，若露天存放，应用苫布盖严。

2）防雨材料及设备（如水泵及苫布等）要有适当储备，水泵要配套进场，并备有相应的易损件。

3）地下室窗口及人防通道洞口，在雨季要求遮盖或封闭，防止雨水灌入。

复习思考题 //

1. 试述施工准备工作的重要性。

2. 简述施工准备工作的分类和主要内容。

3. 施工现场的准备工作包括哪些内容？

4. 如何做好冬期施工准备工作？

5. 如何做好雨期、夏季施工准备工作？

习题 //

1. 收集一个在建项目，列举出各参建方有哪些，如果有分包单位的也一并列出。

2. 根据所学内容，列举施工方场地准备所需做的工作。

第 2 章
建筑工程施工进度设计优化

知识目标

1. 了解组织施工的方式，流水施工的概念、分类与表达方式；
2. 掌握流水施工的参数确定；
3. 掌握固定节拍、成倍节拍、异节奏流水施工的特点、流水步距及流水施工工期的计算；
4. 掌握网络计划概念、分类及表达方式；
5. 掌握网络计划的绘制、时间参数确定；
6. 了解网络计划优化的概念、方法；
7. 掌握网络计划优化的分类及应用。

技能目标

1. 能够计算流水施工参数及绘制进度图；
2. 能够进行网络计划的绘制；
3. 能够进行网络计划的时间参数计算、确定出关键线路；
4. 能够进行网络计划的工期、费用和资源的优化。

2.1 流水施工基本知识

2.1.1 流水施工

流水施工为工程项目组织实施的一种管理形式，就是由固定组织的工人在若干个工作性质相同的施工环境中依次连续地工作的一种施工组织方法。它可以充分利用工作时间和操作空间，减少非生产性劳动消耗，提高生产率，保证工程连续、均衡、有节奏地进行，从而对提高工程质量、降低工程造价、缩短工期有着显著的作用。工程施工中，可以采用依次施工（亦称顺序施工法）、平行施工和流水施工等组织方式。对于相同的施工对象，当采用不同的作业组织方法时，其效果也各不相同。

例：有四幢相同的砖混结构房屋的基础工程，其施工过程及工程量、劳动定额等有关数据见表 2-1。现以一幢房屋为一个施工段（施工区段），分别采用依次施工、平行施工、流水施工方式组织施工，其施工特点和效果分析如下：

表 2-1　房屋基础的施工过程及工程量、劳动定额等指标

施工过程	工程量		时间定额	劳动量（工日）		人数	工作班次	工作天数	工种
	数量	单位		计算用工	计划用工				
基槽挖土	143	m³	0.421	60.2	60	30	1	2	普工
混凝土垫层	23	m³	0.810	18.6	20	20	1	1	普工
砖砌基础	71	m³	0.937	66.5	66	22	1	3	普工
基槽回填土	42	m³	0.200	8.4	8	8	1	1	普工

1. 依次施工

依次施工也称顺序施工，就是指各个施工段或者施工过程依次开工、依次完成的一种施工组织方式。

① 按施工区段（或幢号）依次施工。这种依次施工是指一个施工区段（或幢号）内的各施工过程按施工顺序先后完成后，再依次完成其他各施工区段（或幢号）内各施工过程的施工组织方式。

② 按施工过程依次施工。这种依次施工是指按施工区段（或幢号）的先后顺序，先依次完成每个施工区段（或幢号）内的第一个施工过程，然后再依次完成其他施工过程的施工组织方式。

按表 2-1 所示，如果工程采用依次施工，其工期为

$$T=m\sum t_i=（4×2+4×1+4×3+4×1）天 =（8+4+12+4）天 =28 天$$

依次施工的最大优点是：

每天只有一个施工队组施工，每天投入的劳动力少，机具设备少，材料供应比较单一，施工管理简单，便于组织和安排。因此，当拟建工程的规模较小，附近又没有类似的拟建工程，致使施工工作面有限时，采用依次施工的组织方式。

依次施工的缺点也是显而易见的：按幢号依次施工时，虽可较早地完成一幢房屋的施工，但各施工队组的施工和材料供应均无法保持连续均衡，会导致工人的窝工；按施工过程依次施工时，各施工队组虽能连续施工，但不能充分利用工作面，致使完成 m 幢房屋的总施工时间拖长。由此可见，采用依次施工不但不能充分利用工作面造成工人窝工现象，而且还会拖长工程的总工期。

按表 2-1 所示，如果工程采用按施工过程依次施工，其工期为

$$T=m\sum t_i=（4×2+4×1+4×3+4×1）天 =（8+4+12+4）天 =28 天$$

按施工过程依次施工的优点：

从事某过程的施工班组都能连续均衡地施工，个人不存在窝工情况，单位时间内投入的劳动力、施工机具、材料等资源较少，有利于资源供应组织。

按施工过程依次施工的缺点：

工作面未充分利用，存在间歇时间，施工工期较长。根据以上特点可知，依次施工适用于规模较小、工作面有限，工期要求不紧的小型工程。

2. 平行施工

平行施工是指拟建工程的各施工段（或各幢号）均同时开工，然后再按各施工过程的工艺顺序先后施工。

按表 2-1 所示，如果工程采用平行施工，其工期为

$$T=\sum t_i=（2+1+3+1）天 =7 天$$

平行施工的最大优点是能充分利用工作面，从而缩短施工工期。

其缺点是：工期的缩短，完全是依靠施工队组数量的成倍增加而实现的（每个施工队组的人数不变），同时施工机械设备相应增加，材料供应更集中，临时设施、仓库堆场面积要增加，这就会使施工管理费等间接费用急剧增加，并且还会使施工组织安排和施工管理更加困难。另外，如果工程的规模不大，拟建工程的施工任务不多或工期要求不紧，大批工人完工后需要转移至其他工地更频繁或没有活可干，这都会增加工人转移或窝工，造成的损失使工程成本增加。

3. 流水施工

流水施工是指将拟建工程在平面和空间上划分为若干个施工区段（或施工层），并将其建造过程按施工工艺顺序划分成若干个施工过程，使所有施工过程按一定的时间间隔依次投入施工，各施工过程陆续开工、陆续竣工，使同一施工过程的施工队组在各施工段之间保持连续均衡施工，不同施工过程尽可能平行搭接施工的组织方式。

按表 2-1 所示，如果工程采用流水施工，其工期为

$$T=\sum K_{i,i+1}+T_N=[（5+1+9）+4×1] 天 =（15+4）天 =19 天$$

流水施工所需的时间比依次施工短，各施工过程投入的劳动力比平行施工少；各工作队的施工和物质资源的消耗具有连续性和均衡性，前后施工过程尽可能平行搭接施工，比较充分地利用了施工工作面；机具、设备、临时设施等比平行施工少；材料等组织供应较均匀。

流水施工组织方式的优点是保证了各工作队的工作和物质资源的消耗具有连续性和均衡性，能消除依次施工和平行施工方法的缺点，同时保留了它们的优点。

2.1.2 流水施工原理

1. 组织流水施工的要点

流水施工是一种以分工为基础的协作，是成批生产建筑产品的一种优越的施工方式。它们是在分工大量出现之后，在依次施工和平行施工的基础上产生的，在社会化大生产的条件下，随着社会的进步，分工将越来越细，专业化程度越来越高，分工协作体现得越来越明显。由于建筑产品的庞大性，划分施工段可以将单件产品假想成多件同型产品，从而达到成批生产的目的。因此，流水施工的要点可以归纳如下：

1）划分施工段。根据组织流水施工的要求，将拟建工程在平面上和空间上划分为工程

量（或劳动量）大致相等的若干个施工段。

2）划分施工过程。根据拟建工程的特点和施工要求，将拟建工程的整个建造过程按照施工工艺要求划分成若干个施工过程（或分部分项工程）。

3）每个施工过程组织独立的施工队组。在一个流水组中，每个施工过程均应组织独立的施工队组，负责本施工过程的施工，施工队组的形式可根据施工过程所包括工作内容的不同，采用专业队组或混合队组，以便满足流水施工的要求。

4）必须安排主导施工过程连续、均衡施工。对于工程量或劳动量较大，施工持续时间最长的主导施工过程，必须安排在各施工段之间连续施工，并尽可能均衡施工；其他次要施工过程，可考虑与相邻施工过程合并或安排合理间断施工，以便缩短施工工期。

5）相邻施工过程之间最大限度地安排平行搭接施工。相邻施工过程之间除了必要的技术间歇（或包括必要的组织间歇）之外，应最大限度地安排在不同的施工段上平行搭接施工。

2．流水施工的经济技术效益

流水施工是在依次施工和平行施工的基础上产生的，它既消除了依次施工和平行施工方法的缺点，又具有它们两者的优点。它的特点是保证了施工的连续性和均衡性，使各种物资资源可以均衡地使用，使施工企业的生产能力可以充分地发挥，劳动力得到了合理安排和使用，从而带来了较好的技术经济效果，具体可归纳为以下几点：

1）流水施工能合理地、充分地利用施工工作面，并使施工队组尽可能地连续作业，减少了施工队组转换工作种类的次数和间歇时间，减少了窝工现象，有利于争取时间，加快施工进度，从而缩短了拟建工程施工的总工期。

2）流水施工能使专业化程度较强的施工队组在较长的时期内进行相同的施工操作，连续均衡施工，有利于提高工人的技术水平、改善劳动组织、改进操作方法和施工机具，因而有利于提高工程质量和劳动生产率。

3）由于流水施工的连续性、均衡性和劳动生产率的提高，可减少用工量和暂设工程建造量，减少施工管理费等间接费用，降低工程成本，提高建筑施工企业的综合经济效益。

3．流水施工的表达形式

（1）横道图 横道图是以施工过程的名称和顺序为纵坐标、以时间为横坐标而绘制的一系列分段上下相错的水平线段，用来分别表示各施工过程在各个施工段上工作的起止时间和先后顺序的图表。

（2）网络图 网络图是由一系列的圆圈节点和箭线组合而成的网状图形，用来表示各施工过程或施工段上各项工作的先后顺序和相互依赖、相互制约的关系图。

（3）斜线图 斜线图是以施工段及其施工顺序为纵坐标、以时间为横坐标绘制而成的斜线图形。斜线图的最大缺点是：实际工程施工中同时开始施工并同时完工的若干个不同施工过程，在斜线图上只能用一条斜线表示，不好直观地看出一条斜线代表多少个施工过程，同时无法绘制劳动力或其他资源消耗动态曲线图，为指导施工带来了极大的不便。因此，在实际工程施工中很少采用斜线图。

4. 流水施工的分类

（1）按流水施工的组织范围划分

1）分项工程流水。分项工程流水又称细部流水或施工过程流水。它是在一个分项工程内部各施工段之间进行连续作业的流水施工方式。它是组织拟建工程流水施工的基本单元。

2）分部工程流水。分部工程流水又称专业流水。它是在一个分部工程内部由各分项工程流水组合而成的流水施工方式，是分项工程流水的工艺组合。

3）单位工程流水。单位工程流水又称项目流水。它是在一个单位工程内部由各分部工程流水或各分项工程流水组合而成的流水施工方式。它是分部工程流水的扩大和组合，也可以是全部由分项工程流水组合而成的流水施工方式。

4）建筑群体工程流水。建筑群体工程流水又称综合流水，俗称大流水施工。它是指在住宅小区、工业厂区等建筑群体工程建设中，由多个单位工程的流水施工组合而成的流水施工方式。它是单位工程流水的综合与扩大。

（2）按施工过程分解的程度划分

1）彻底分解流水。彻底分解流水是指将拟建工程的某一分部工程分解成均由单一工种完成的施工过程，并由这些分解程度不同的施工过程组织而成的流水施工方式。其优点是：各施工队组工作单一、专业性强，有利于提高工作效率、确保工程质量；其缺点是：对各施工队组的配合、协调关系要求高，分工太细，有时很难安排和编制出简单明晰、直观醒目的施工进度计划，并使施工管理更加复杂、困难。因此，只有在以现浇钢筋混凝土结构为主的、特殊的分部工程施工中，才采用彻底分解流水的组织方式。

2）局部分解流水。局部分解流水是指将拟建工程的某一分部工程，根据工程的具体情况、施工队组的现状及其合理配合施工的原则，划分成有彻底分解的施工过程，也有由多个工种配合组成的混合施工队组进行施工的不彻底分解的施工过程，并由这些分解程度不同的施工过程组织而成的流水施工方式。在一般分部工程流水施工中，多采用局部分解流水的组织方式。

（3）按流水施工的组织方式和节奏特征划分　流水施工按其组织方式和节奏特征不同分有节奏流水和无节奏流水两类，其中有节奏流水还可分为全等节拍流水和不等节拍流水两种，而不等节拍流水中的一种特殊的流水施工方式又称为成倍节拍流水。

5. 流水施工的主要参数

为了说明组织流水施工时，各施工过程在时间和空间上的开展情况及相互依存关系，这里引入一些描述工艺流程、空间布置和时间安排等方面的状态参数——流水施工参数，包括工艺参数、空间参数和时间参数 3 种。

（1）工艺参数　工艺参数是指组织流水施工时，用以表达流水施工在施工工艺方面进展状态的参数，通常包括施工过程和流水强度两个参数。

1）施工过程的分类。组织建设工程流水施工时，根据施工组织及计划安排需要而将计划任务划分成的子项称为施工过程。

施工过程的数目一般用"n"来表示，它是流水施工的主要参数之一。根据性质和特点不同，施工过程一般分为三类，即建造类施工过程、运输类施工过程和制备类施工过程。

①建造类施工过程是指在施工对象的空间上直接进行砌筑、安装与加工，最终形成建筑产品的施工过程。

②运输类施工过程是指将建筑材料、各类构配件、成品、制品和设备等运到工地仓库或施工现场使用地点的施工过程。

③制备类施工过程是指为了提高建筑产品生产的工厂化、机械化程度和生产能力而形成的施工过程。如砂浆、混凝土、各类制品、门窗等的制备过程和混凝土构件的预制过程。

由于建造类施工过程占有施工对象的空间，直接影响工期的长短，因此必须列入施工进度计划，并在其中大多作为主导施工过程或关键的工作。运输类与制备类施工过程一般不占有施工对象的工作面，不影响工期，故不需要列入流水施工进度计划之中，只有当其占有施工对象的工作面，影响工期时，才列入施工进度计划中。

2）流水强度。流水强度是指流水施工的某施工过程（专业工作队）在单位时间内完成的工程量，也称为流水能力或生产能力。

流水强度通常用 V 来表示。

$$V = \sum_{i=1}^{X} R_i S_i \qquad (2-1)$$

式中　V——某施工过程（队）的流水强度；

R_i——投入该施工过程的第 i 种资源量（施工机械台数或工人数）；

S_i——投入该施工过程的第 i 种资源的产量定额；

X——投入该过程的资源种类数。

（2）空间参数　空间参数是指在组织流水施工时，用以表达流水施工在空间布置上开展状态的参数。

1）工作面。工作面是指某专业工种的工人或某种施工机械进行施工的活动空间。工作面的大小表明能安排施工人数或机械台数的多少。每个作业的工人或每台施工机械所需工作面的大小，取决于单位时间内其完成的工程量和安全施工的要求。工作面确定的合理与否，直接影响专业工作队的生产效率。因此，必须合理确定工作面。

2）施工段。将施工对象在平面或空间上划分成若干个劳动量大致相等的施工段落，称为施工段或流水段。施工段的数目一般用"m"表示，它是流水施工的主要参数之一。

①划分施工段的目的。划分施工段的目的就在于保证不同施工队伍能在不同的施工区段上同时进行施工，消除由于不同施工队不能同时在一个生产面上工作产生的互等、停歇现象，为流水创造条件。

②划分施工段的原则。

a．同一专业工作队在各个施工段上的劳动量应大致相等，相差幅度不宜超过 10% ～ 15%。

b．每个施工段内要有足够的工作面，以保证相应数量的工人、主导施工机械的生产效率，满足合理劳动组织的要求。

c．施工段的界限应尽可能与结构界限（如沉降缝、伸缩缝等）相吻合，或设在对建筑结构整体性影响小的部位，以保证建筑结构的整体性。

d．施工段的数目要满足合理组织流水施工的要求。施工段数目过多，会降低施工速度，延长工期；施工段过少，不利于充分利用工作面，可能造成窝工。

e．对于多层建筑物、构筑物或需要分层施工的工程，应既分施工段，又分施工层，各专业工作队依次完成第一施工层中各施工段任务后，再转入第二施工层的施工段上作业，依此类推。以确保相应专业队在施工段与施工层之间，组织连续、均衡、有节奏的流水施工。

（3）时间参数　时间参数是指在组织流水施工时，用以表达流水施工过程的工作时间、在时间排列上的相互关系和所处状态的参数。主要有以下几种：

1）流水节拍。流水节拍是指在流水施工中，从事某一施工过程的施工队组在一个施工段上完成施工任务所需的工作持续时间。通常用 t_i 表示（i 代表施工过程的编号或代号）。

流水节拍的大小，关系到所投入的劳动力、机械以及材料用量的多少，决定着施工的速度与节奏。

①流水节拍的计算。

主要的计算方法有：定额计算法、经验估算法和工期计算法三种。

a．定额计算法。按照定额规定，流水节拍可按下式计算：

$$t_i = \frac{P_i}{R_i b_i} = \frac{Q_i H_i}{R_i b_i} = \frac{Q_i}{S_i R_i b_i} \tag{2-2}$$

式中　t_i——某施工过程的流水节拍；

　　　P_i——在一个施工段上完成某施工过程所需的劳动量（工日数）或机械台班量（台班数）；

　　　R_i——某施工过程的施工班组人数或者机械台数；

　　　b_i——每天工作班数；

　　　Q_i——某施工过程在某施工段上的工程量；

　　　S_i——某施工过程的每工日（或每台班）产量定额；

　　　H_i——某施工过程采用的时间定额。

b．经验估算法。它是根据以往的施工经验进行估算。一般为了提高其准确度，往往先估算出该流水节拍的最长、最短和最可能的三种时间，然后据此求出期望时间作为某施工队组在某施工段上的流水节拍。因此，本法也称三种时间估算法。一般按式（2-3）计算：

$$t_i = \frac{a + 4c + b}{6} \tag{2-3}$$

式中　t_i——某施工过程在某施工段上的流水节拍；

　　　a——某施工过程在某施工段上的最短估算时间；

　　　b——某施工过程在某施工段上的最长估算时间；

　　　c——某施工过程在某施工段上的最可能估算时间。

c．工期计算法。

②确定流水节拍时应注意的问题。

a．施工队组的人数应符合该施工过程最少劳动组合人数的要求。所谓最少劳动组合，就是指某一施工过程进行正常施工所必需的最低限度的队组人数及其合理组合。

b．要考虑工作面的大小或某种条件的限制。施工队组人数不能太多，每个工人的工作面不能小于最小工作面的要求。否则，就不能发挥正常的施工效率，且不利于安全施工（此处请自行查阅定额所规定的各种施工过程所需要的工作面）。

c．要考虑各种机械台班的产量或吊装次数。

d．要考虑施工现场对各种材料、构件等的堆放容量、供应能力及其他因素的制约。

e．要考虑施工及技术条件的要求。

f．确定一个分部工程的各施工过程流水节拍时，应先确定其主导施工过程的流水节拍，再确定其他次要施工过程的流水节拍。

g．流水节拍值一般取整数天（或机械台班），必要时可考虑保留0.5天（或台班的小数值）。

2）流水步距。流水步距是指在流水施工中，相邻两个施工过程的施工队组先后进入第一个施工段开始施工的最小间隔时间（不包括技术与组织间歇时间），通常用 $K_{i, i+1}$ 表示。

流水步距的大小反映着流水作业的紧凑程度，对工期有很大的影响，在流水段不变的条件下，流水步距越大，工期越长；流水步距越小，工期则越短。

流水步距的数目取决于参与流水施工的施工过程数。如果施工过程为 n 个，则流水步距的总数为（$n+1$）个。

①流水步距的计算。流水步距计算的原则是累计相加、错位相减、取最大值。

流水步距的基本计算公式是

$$K_{i, i+1} = \begin{cases} t + t_j - t_d & (t_i \leqslant t_{i+1}) \\ mt_i - (m-1)t_{i+1} + t_j - t_d & (t_i > t_{i+1}) \end{cases} \tag{2-4}$$

式中 t_j——两个相邻施工过程间的技术或组织间歇时间；

t_d——两个相邻施工过程间的平行搭接时间。

例 2-1 某工程由 3 个施工过程组成，分为 4 个施工段进行流水施工，其流水节拍见表 2-2，试确定流水步距。

表 2-2

施工过程	施工段			
	①	②	③	④
Ⅰ	2	3	2	1
Ⅱ	3	2	4	2
Ⅲ	3	4	2	2

解 （1）求各施工过程流水节拍的累加数列

施工过程Ⅰ：2，5，7，8

施工过程Ⅱ：3，5，9，11

施工过程Ⅲ：3，7，9，11

（2）错位相减求得差数列

$$
\begin{array}{r}
2,\ 5,\ 7,\ 8 \\
-)\quad 3,\ 5,\ 9,\ 11 \\
\hline
2,\ 2,\ 2,\ -1\ -11
\end{array}
$$

$$
\begin{array}{r}
3,\ 5,\ 9,\ 11 \\
-)\quad 3,\ 7,\ 9,\ 11 \\
\hline
3,\ 2,\ 2,\ 2\ -11
\end{array}
$$

（3）在差数列中取最大值求得流水步距：

施工过程Ⅰ与Ⅱ之间的流水步距：$K_{1,2}=\max[2,2,2,-1,-11]$ 天 =2 天

施工过程Ⅱ与Ⅲ之间的流水步距：$K_{2,3}=\max[3,2,2,2,-11]$ 天 =3 天

② 确定流水步距的基本要求。

a. 主要施工过程的专业队组连续施工。流水步距的最小长度必须使主要施工专业队组进场后不发生停工、窝工现象。

b. 符合施工工艺要求。保证每个施工段的正常作业程序，不发生前一个施工过程尚未全部完成，而后一个施工过程提前介入的现象。

c. 最大限度合理搭接。为缩短工期，流水步距要保证相邻两个专业队在开工时间上最大限度、合理地平行搭接。

3）流水工期。流水工期是指完成一项工程任务或一个流水组的施工时，从第一个施工过程进入第一个施工段开始施工算起到最后一个施工过程退出最后一个施工段施工的整个

持续时间。一项工程的施工工期用 T 表示；一个流水组的施工工期用 T_L 表示。工期一般可采用下式计算：

$$T_L = \sum K_{i,i+1} + T_n + \sum t_j - \sum t_d \qquad (2-5)$$

式中　T_n——流水施工中最后一个施工过程的持续时间；

　　　t_j——技术间歇或组织间歇时间；

　　　t_d——平行搭接时间。

2.1.3　流水施工表达方式与绘制

在流水施工中，由于流水节拍的规律不同，决定了流水步距、流水施工工期的计算方法也不同，甚至影响到各个施工过程的专业队伍数目。由于建筑工程的多样性和各分部工程的工程量差异性，要想使所有的流水施工都形成统一的流水节拍是很难的。因此，在大多数情况下，各施工过程的流水节拍不一定相等，有的甚至同一施工过程本身在不同的施工段上流水节拍也不相同，这样就形成了不同节奏特征的流水施工。

1. 全等节拍流水

全等节拍流水是指在流水施工中，同一施工过程在各个施工段上的流水节拍均相等，不同施工过程的流水节拍也相等的一种流水施工方式。即各施工过程流水节拍均为常数，故也称为全等节拍流水或固定节拍流水。

例 2-2　某工程划分为 A、B、C、D 四个施工过程，每个施工过程分四个施工段，流水节拍均为 2 天，组织全等节拍流水施工，其进度计划安排如图 2-1 所示。

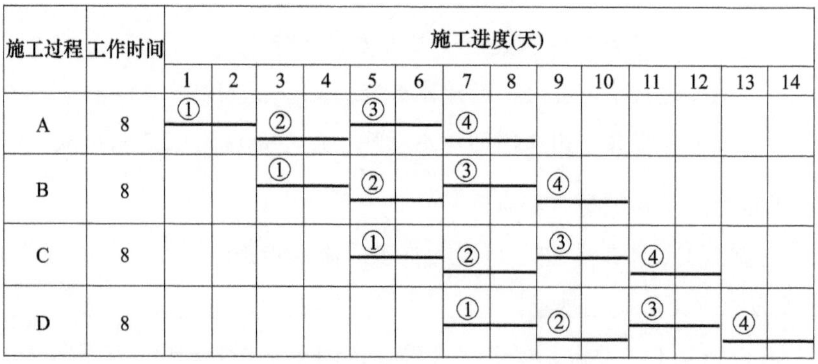

施工过程	工作时间	施工进度(天)													
		1	2	3	4	5	6	7	8	9	10	11	12	13	14
A	8	①		②		③		④							
B	8			①		②		③		④					
C	8					①		②		③		④			
D	8							①		②		③		④	

图 2-1　等节奏流水施工进度计划

1）根据题意和流水施工的原理，我们可以知道，A 施工过程的第 1 个施工段是最先开始工作的，那么 B 施工过程的第一个施工段想要开始工作，就必须安排在 A1（A 施工过程第一个施工段简写）之后，所以 A、B 两个施工过程的流水步距就定为了 2d。

2）通过所有施工段上面流水节拍的分布可以看出，所有流水节拍在 X 轴上面的水平投影为 14d，这个 14d 也就是我们所说该工程的工期。

3）检查所绘横道图是否正确，最关键的一点便是看 B2 是不是在 A2 之后，C3 是不是在 B3 之后，D4 是不是在 C4 之后，以此类推。这种方式确保了流水施工前后施工过程的施工段连续、不窝工等。

（1）全等节拍流水施工的特征

1）各施工过程在各施工段上的流水节拍彼此相等。

2）无间歇时流水步距彼此相等，而且等于流水节拍值。

3）各专业工作队在各施工段上能够连续作业，各施工段之间没有空闲时间。

4）施工班组数等于施工过程数。

（2）全等节拍流水施工的时间参数计算　时间参数在等节奏流水施工中，如流水组中的施工过程数为 n，施工段总数为 m，所有施工过程的流水节拍均为 t_i，流水步距的数量为 $n-1$，则：

$$T_L=（m+n-1）t_i+\sum t_j-\sum t_d \tag{2-6}$$

式中　T_L——流水施工总工期；

　　　m——施工段数；

　　　n——施工过程数；

　　　t_j——技术与组织间歇时间；

　　　t_d——平行搭接时间。

例 2-3　某 5 层 4 个单元的砖混结构住宅的基础工程，每一个单元的施工工序、工程量分别为基槽挖土 180m³，混凝土垫层 16m³，钢筋混凝土条形基础绑扎钢筋 2.8t，浇混凝土 35m³，砌砖基础墙 45m³，基槽回填土 84m³，室内地坪回填土 51m³。各工序的施工程序、工程量等指标，见表 2-3。垫层混凝土和条形基础混凝土浇筑完毕，各要养护 1 天方可进行下道工序施工。现已决定一个单元为一个施工段，按一班制组织流水施工。试按全等节拍流水组织施工，计算施工工期。

表 2-3　各工序的施工程序、工程量等指标

序号	施工过程	工程量		劳动量	施工班组人数	工作班制
		数量	单位			
1	基槽挖土	180	m³	92	31	1
	混凝土垫层	16	m³	14	5	
2	绑扎钢筋	2.8	t	12	4	1
	浇混凝土基础	35	m³	30	10	
3	砌砖基础	45	m³	53	18	1
4	基础回填土	84	m³	23	8	1

解　由于混凝土垫层的工程量较小，将其与相邻的基槽挖土合并成一个"基槽挖土、混凝土垫层"施工过程；将工程量较小的绑扎钢筋与浇混凝土条形基础合并成

一个"绑扎钢筋、混凝土基础"施工过程。

"基槽挖土、混凝土垫层"是主导施工过程。

计算出主导施工过程的流水节拍 t_i：

$$t_i = \frac{P_i}{R_i b_i} = (92+14) / [(31+5) \times 1] \text{天} = (106 / 36) \text{天} \approx 3 \text{天}$$

确定其他施工过程施工队组人数。

根据其他施工过程的劳动量和主导施工过程的流水节拍 t_i=3 天，用公式计算出其他施工过程的施工队组人数，施工工期为

$$T_L = (m+n-1) t_i + \sum t_j - \sum t_d = [(4+4-1) \times 3 + (1+1)] \text{天} = 23 \text{天}$$

全等节拍流水虽然是一种比较理想的流水施工方式，既能保证各专业施工班组连续均衡地施工，又能保证充分利用工作面，但是，实际工作中，要使某分项工程的各个施工过程都采用相同的流水节拍，组织很困难。因此，全等节拍流水的组织方式仅适用于施工过程数目不多的某分项工程的流水。

（3）全等节拍流水的组织方式

1）划分施工过程，将工程量较小的施工过程合并到相邻的施工过程中去，目的是使各过程的流水节拍相等。

2）根据主要施工过程的工程量以及工程进度要求，确定该施工过程的施工班组人数，从而确定流水节拍。

3）根据已确定的流水节拍，确定其他施工过程的施工班组人数。

4）检查按此流水方式组织的流水施工是否符合该工程工期以及资源的要求，如果符合，则按此计划实施；如果不符合，则通过调整主导施工过程的班组人数，使流水节拍发生改变，从而调整工期以及资源消耗情况，使计划符合要求。

2. 不等节拍流水

不等节拍流水也称异节拍流水，是指在流水施工中，同一施工过程在各个施工段上的流水节拍完全相等，不同施工过程之间的流水节拍不完全相等的流水施工方式。

（1）不等节奏流水施工的特征

1）同一施工过程在各个施工段上的流水节拍均相等，不同施工过程之间的流水节拍不完全相等。

2）各施工过程之间的流水步距不一定相等。

（2）不等节拍流水步距的确定 全部连续流水施工

$$\begin{cases} K_{i,i+1} = t_i \ （当 \ t_i \leqslant t_{i+1} \ 时） & (2-7) \\ K_{i,i+1} = t_i + (m-1)(t_i - t_{i+1}) \ （当 \ t_i > t_{i+1} \ 时） & (2-8) \end{cases}$$

（3）不等节拍流水施工的工期专用计算公式

$$T_L = \sum K_{i,i+1} + T_n = \sum K_{i,i+1} + mt_n + \sum t_j - \sum t_d \qquad (2\text{-}9)$$

例 2-4 某地基基础工程，有基槽挖土、基础混凝土垫层、砌砖基础和基槽回填土等四个施工过程，其流水节拍分别为 $t_A=3$ 天，$t_B=1$ 天，$t_C=4$ 天，$t_D=2$ 天，拟划分四个施工段组织流水施工。根据施工技术要求，混凝土垫层完成后应养护 1 天方可进行下道工序施工。试计算相邻施工过程之间的流水步距 $\sum K_{i,i+1}$，流水组工期 T_L，并绘制进度计划表。按全部连续流水施工。

解 （1）确定流水步距 $\sum K_{i,i+1}$

① 因为 $t_A=3$ 天 $> t_B=1$ 天，所以

$K_{A,B}=t_A+(m-1)(t_A-t_B)=[3+(4-1)\times(3-1)]$ 天 $=（3+6）天 =9$ 天

② 因为 $t_B=1$ 天 $< t_C=4$ 天，所以

$K_{B,C}=t_B=1$ 天

③ 因为 $t_C=4$ 天 $> t_D=2$ 天，所以

$K_{C,D}=t_C+(m-1)(t_C-t_D)=[4+(4-1)\times(4-2)]$ 天 $=（4+6）天 =10$ 天

（2）计算流水组工期 T_L

$T_L=\sum K_{i,i+1}+mt_n+\sum t_j-\sum t_d=[（9+1+10）+4\times2+1]$ 天 $=（20+8+1）天 =29$ 天

（3）绘制进度计划 施工进度计划图，如图 2-2 所示。

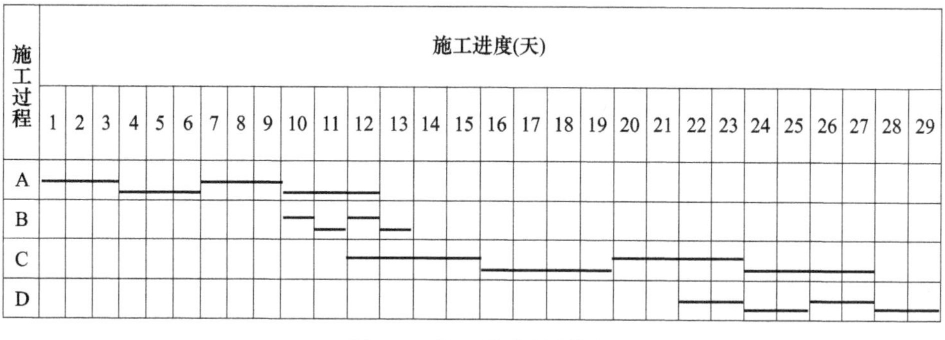

图 2-2 施工进度计划图

（4）不等节拍流水的组织方式

1）根据工程对象和施工要求，将工程过程划分为若干施工过程。

2）根据各施工过程的工程量，计算每个过程的劳动量，然后根据各过程施工班组人数，确定出各自的流水节拍。

3）组织同一施工班组连续均衡地施工，相邻施工过程尽可能平行搭接施工。

4）检查按此流水方式组织的流水施工是否符合该工程工期以及资源的要求，如果符合，则按此计划实施；如果不符合，则通过调整主导施工过程的班组人数，使流水节拍发生改变，从而调整工期以及资源消耗情况，使计划符合要求。

3. 成倍节拍流水

成倍节拍流水是指在不等节拍流水施工方式中，所有施工过程的流水节拍均为其中最小流水节拍的整数倍，然后每个施工过程再按倍数关系组织相应的施工队组数目，并安排各施工队组间隔某一时间先后进入不同施工段进行流水施工的组织方式。

（1）成倍节拍流水施工的特征

1）同一施工过程的流水节拍相等，不同施工过程的流水节拍是其中最小流水节拍的整数倍。

2）流水步距彼此相等，且等于最小的流水节拍。

3）各专业队组能够保证连续施工，施工段没有空闲。

4）施工队组数（n_1）大于施工过程数（n）。

$$n_1 = \sum b_i$$

$$b_i = \frac{t_i}{t_{\min}}$$

式中　n_1——施工队组数总和；

　　　b_i——第 i 个施工过程的施工队组数。

5）各个专业工作队在施工段上能够连续作业，施工段之间没有空闲时间。

（2）成倍节拍流水步距的确定

$$K_{i, i+1} = t_{\min} = 最大公约数 \qquad (2\text{-}10)$$

（3）成倍节拍工期的确定

$$T_L = (m+n-1)\, t_{\min} + \sum t_j - \sum t_d \qquad (2\text{-}11)$$

例 2-5　某建筑群共有六幢同样的住宅楼基础工程，其施工过程和流水节拍为基槽挖土 $t_A = 3$ 天，混凝土垫层 $t_B = 1$ 天，砖砌基础 $t_C = 3$ 天，基槽回填土 $t_D = 2$ 天，混凝土垫层完成后，技术间歇一天。试计算成倍节拍流水施工的总工期并绘制施工进度计划横道图。

解　（1）计算每个施工过程的施工队组数 b_i　根据公式，$b_i = \dfrac{t_i}{t_{\min}}$，取 $t_{\min} = t_B = 1$ 天，则：

$$b_A = \frac{t_A}{t_{\min}} = \frac{3}{1} = 3$$

$$b_B = \frac{t_B}{t_{\min}} = \frac{1}{1} = 1$$

$$b_C = \frac{t_C}{t_{\min}} = \frac{3}{1} = 3$$

$$b_D = \frac{t_D}{t_{\min}} = \frac{2}{1} = 2$$

（2）计算施工队组总数 n_1

$n_1=\sum b_i=b_A+b_B+b_C+b_D=3+1+3+2=9$

（3）计算工期 T_L

$T_L=(m+n-1)t_{min}+\sum t_j-\sum t_d=[(6+9-1)\times1+1]$ 天 $=(14+1)$ 天 $=15$ 天

（4）绘制施工进度计划横道图　施工进度计划横道图，如图 2-3 所示。

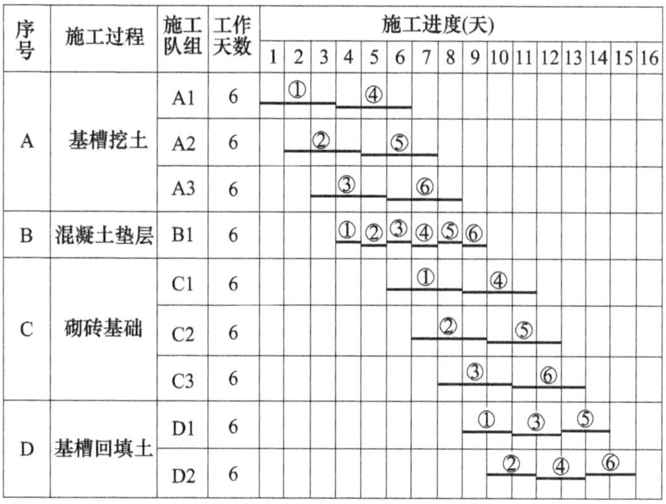

序号	施工过程	施工队组	工作天数	施工进度(天)															
				1	2	3	4	5	6	7	8	9	10	11	12	13	14	15	16
A	基槽挖土	A1	6	①				④											
		A2	6		②				⑤										
		A3	6			③				⑥									
B	混凝土垫层	B1	6				①	②	③	④	⑤	⑥							
C	砌砖基础	C1	6								①			④					
		C2	6									②			⑤				
		C3	6										③			⑥			
D	基槽回填土	D1	6											①	③		⑤		
		D2	6												②	④		⑥	

图 2-3　施工进度计划横道图

（4）成倍节拍流水的组织要点

1）根据工程对象和施工要求，将工程过程划分为若干施工过程。

2）根据各施工过程的工程量，计算每个过程的劳动量，再根据最小劳动量的施工过程班组人数确定出最小流水节拍。

3）确定其他各过程的流水节拍，通过调整班组人数，使各过程的流水节拍均为最小流水节拍的整数倍。

4）为了充分利用工作面，加速施工过程，各过程应根据其节拍为节拍最大公约数倍数关系相应调整施工班组数，每个施工过程所需的班组数可按下式计算：

$$b_i=\frac{t_i}{t_{min}}$$

5）检查按此流水方式组织的流水施工是否符合该工程工期以及资源的要求，如果符合，则按此计划实施；如果不符合，则通过调整使计划符合要求。

4．无节奏流水

无节奏流水是指在流水施工中，同一施工过程在各个施工段上的流水节拍不完全相等的一种流水施工方式。

无节奏流水是实际工程中常见的一种组织流水方式。它不像节奏流水那样有一定的时间规律约束，因此，在进度安排上比较灵活、自由。所以该方法较为广泛地应用于实际工程中。

（1）无节奏流水施工的特征

1）同一施工过程在各个施工段上的流水节拍不完全相等，不同施工过程之间的流水节拍也不完全相等。

2）各施工过程之间的流水步距不完全相等且差异较大。

3）专业工作队数等于施工过程数。

4）各专业工作队能够在施工段上连续作业，但有的施工段之间可能有空闲时间。

（2）无节奏流水施工流水步距的确定　各施工过程均连续流水施工时，流水多距的通用计算方法是"累加数列法"。

"累加数列法"是指"累加数列错位相减取最大差值"，其计算过程可表述为：

1）将每个施工过程的流水节拍逐段累加，求出累加数列 $\sum\limits^{m} t_i$。

2）根据施工顺序，对求出的前后相邻的两累加数列错位相减，$\sum\limits^{m} t_i - \sum\limits^{m-1} t_{i+1}$。

3）取其最大差值　$\max \{ \sum\limits^{m} t_i - \sum\limits^{m-1} t_{i+1} \}$。

4）求出流水步距 $K_{i,i+1} = \max \{ \sum\limits^{m} t_i - \sum\limits^{m-1} t_{i+1} \}$。

（3）无节奏流水施工的工期计算

$$T_L = \sum K_{i,i+1} + T_n + \sum t_j - \sum t_d \qquad (2\text{-}12)$$

例 2-6　某工程由 A、B、C、D 四个施工过程组成，拟定分五个施工段组织流水施工，各施工过程的流水节拍见表 2-4。施工技术要求，第二个施工过程完成后，要间歇 2 天方可进行后面施工过程的施工。试计算相邻施工过程之间的流水步距、工期并绘制出施工进度计划。

表 2-4　某工程的流水节拍　　　　　　　　（单位：天）

施工过程	施工段				
	①	②	③	④	⑤
A	3	5	4	2	3
B	4	6	3	4	2
C	2	3	4	3	3
D	6	4	2	4	3

解　（1）确定流水步距

①求各施工过程流水节拍的累加数列：

$\sum t_A$:　　3　　　8　　　12　　　14　　　17

$\sum t_B$:　　4　　　10　　　13　　　17　　　19

$\sum t_C$:	2	5	9	12	15
$\sum t_D$:	6	10	12	16	19

② 错位相减得差值。

$\sum t_A - \sum t_B$:

	3	8	12	14	17	0
−)	0	4	10	13	17	19
	3	4	2	1	0	−19

$\sum t_B - \sum t_C$:

	4	10	13	17	19	0
−)	0	2	5	9	12	15
	4	8	8	8	7	−15

$\sum t_C - \sum t_D$:

	2	5	9	12	15	0
−)	0	6	10	12	16	19
	2	−1	−1	0	−1	−19

③ 计算流水步距:

$K_{A,B}=\max\{3, 4, 2, 1, 0, -19\}$ 天 =4 天

$K_{B,C}=\max\{4, 8, 8, 8, 7, -15\}$ 天 =8 天

$K_{C,D}=\max\{2, -1, -1, 0, -1, -19\}$ 天 =2 天

（2）计算工期

$$T_L = \sum K_{i,i+1} + T_n + \sum t_j - \sum t_d = [(4+8+2)+19+2]$$ 天 =35 天

其进度计划如图 2-4 所示。

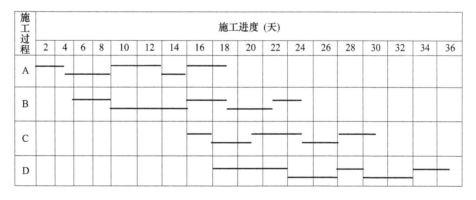

图 2-4　施工进度计划横道图

无节奏流水施工适用于各种不同性质、不同用途、不同规模的建筑工程的单位工程流水或分部工程流水，是一种较为自由的流水施工组织方式。

上述流水施工方式，到底采用哪一种，除了分析流水节拍的特点外，还要考虑工期要求和各项资源的供应情况。

2.2 网络计划技术

2.2.1 网络计划的基本概念

网络计划是用来表达工序计划的一种工具，工程上用来表示工程施工的进度计划。它既是一种科学的计划方法，又是一种有效的施工管理方法。其基本原理是：先以网络图的形式表示出施工过程（工序）的先后顺序（称逻辑关系）；然后通过时间参数计算找出关键的线路及施工过程；再根据工期、成本、质量、资源等目标要求进行调整，选择优化方案，以期以最小的消耗取得最大的经济效益。

1. 网络计划的表示方法

网络计划的表达方式是网络图。所谓网络图是指由箭线、节点和线路组成，用来表示工序流程的有向、有序的网状图形。按箭线和节点所代表的含义不同，网络图可分为双代号网络图和单代号网络图。

（1）双代号网络图　用一个箭线表示一个工序（或工作、施工过程），工序名称写在箭线上面，工序持续时间写在箭线下面，箭尾表示工序开始，箭头表示工序结束。在箭线的两端分别画一个圆圈作为节点，并在节点内进行编号，用箭尾节点号码 i 和箭头节点号码 j 作为这个工序的代号，由于各工序均用两个代号表示，所以叫作双代号表示法，如图 2-5 所示。用双代号法编制而成的网状图形称为双代号网络图，如图 2-6 所示。用这种网络图表示的计划叫作双代号网络计划。

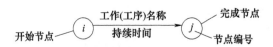

图 2-5　双代号节点表达方式

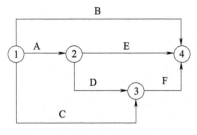

图 2-6　双代号网络图

（2）单代号网络图　单代号网络图又称节点网络图。用一个节点表示一项工序，工序名称、代号、工作时间都标注在节点内，用实箭线表示工序之间的逻辑关系，这就是单代号表示法，如图 2-7 所示。用单代号法编制而成的网状图形称为单代号网络图，如图 2-8 所示。用这种网络图表示的计划称为单代号网络计划。

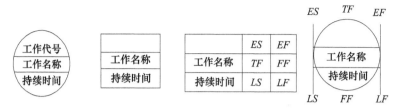

图 2-7 单代号网络计划图节点表达的四种常见形式

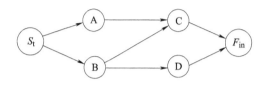

图 2-8 单代号网络图简单示例

2. 网络计划的分类

按照不同的分类原则，可以将网络计划分成不同的类型。

（1）按性质分类

1）肯定型网络计划。肯定型网络计划是指子项目、工作之间的逻辑关系及各工作的持续时间都肯定的网络计划。

2）非肯定型网络计划。非肯定型网络计划是指子项目、工作之间的逻辑关系及各工作的持续时间三者之中有一项或一项以上不肯定的网络计划。在这种网络计划中，各项工作持续时间只能按概率方法确定，整个网络计划无确定的计划总工期。

（2）按网络计划编制的对象和范围分

1）局部网络计划：以一个分部工程或施工段为对象编制的网络计划称为局部网络计划。

2）单位工程网络计划：以一个单位工程为对象编制的网络计划称为单位工程网络计划。

3）综合网络计划：以一个建筑项目或建筑群为对象编制的网络计划称为综合网络计划。

（3）按网络计划的时间表达方式分

1）时标网络计划：工作的持续时间以时间坐标为尺度绘制的网络计划称为时标网络计划。

2）非时标网络计划：不按时间坐标绘制的网络计划称为非时标网络计划，即工作箭线的长短与持续时间无关。

（4）按网络计划的图形表达方式分类

1）双代号网络计划：是指以双代号表示法绘制的网络计划。在这种网络计划中，各项工作用箭杆和两个节点表示。

2）单代号网络计划：是指以单代号表示法绘制的网络计划。在这种网络计划中，各项工作用一个节点表示，箭杆仅表示各项工作的相互制约和依赖关系。

3）流水网络计划：是指运用流水理论中的"流水步距"原理，设置若干个时距指标作为网络图中具有新的性质的辅助箭杆而编排的网络计划。

（5）按工作衔接特点分类

1）普通网络计划：是指工作之间的关系按首尾衔接绘制的网络计划，如单代号网络计划、双代号网络计划。

2）流水网络计划：是指能充分反映流水施工特点的网络计划，如横道图流水网络计划、单代号网络计划。

3）搭接网络计划：是指按照各种规定的搭接时距绘制的网络计划。此网络计划既能反映各种搭接关系，又能反映相互衔接关系。

3．网络计划的特点分析

网络计划同横道计划相比具有以下优缺点：

（1）优点

1）可全面反映工作之间的逻辑关系，使各项工作组成一个有机的整体。

2）由于各项工作之间的逻辑关系明确，便于进行各种时间参数计算，有助于进行定量分析。

3）可在错综复杂的计划中找出影响整个工程进度的关键工作和关键线路，便于管理人员集中精力抓施工中的主要矛盾，确保按期竣工。

4）可以利用计算得出的某些工作的机动时间，更好地利用和调配人力、物力，达到降低成本的目的，即可以进行各种资源的优化，选出最优方案。

5）可在执行计划和组织施工的过程中，通过时间参数计算，预先知道各工作提前或者推迟完成对整个计划的影响程度，及时对计划进行调整与变更，以满足施工现场进行动态管理的需求。

6）可以利用网络计划中诸多工作存在的机动时间，有效地调配劳动力、材料和设备，达到均衡地配置资源需用量的目的。

7）可以利用计算机及相应软件进行绘图、计算、调整与优化等，实现计划管理的科学化。

（2）缺点

1）初学者掌握该技术有一定困难，对时标网络图确定资源需用量等方面有一定困难。

2）不能反映各施工过程在各施工段间是否连续施工，因此，网络计划不能清楚地反映流水施工的特点和要求。

3）如果不利用计算机进行时间参数的计算、优化和调整，则实际计算量大，调整复杂。

2.2.2 双代号网络图的识读

1．双代号网络图的基本组成符号

双代号网络图的基本符号由箭线、节点和线路构成。其各自表示的含义如下：

（1）箭线　网络图中一端带箭头的实线段叫箭线。在双代号网络图中，箭线有实箭线和虚箭线两种，两者表示的含义不同。

1）实箭线的含义。

① 一根箭线表示一项工作（工序）或一个施工过程。实箭线表示的工作可大可小。

② 一根箭线表示一项工作所消耗的时间及资源，分别用数字标注在箭线的下方和上方。一般而言，每项工作的完成都要消耗一定的时间及资源。

③ 箭线所指方向为工作前进的方向，箭尾表示工作的开始，箭头表示工作的结束。

④ 箭线的长短一般不表示工作持续时间的长短（时标网络例外）。

2）虚箭线的含义。在双代号网络图中，虚箭线仅表示工作间的逻辑关系。它既不占用时间，也不消耗资源，其表示方式如图2-9所示。

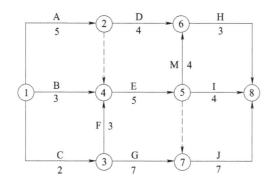

图2-9　双代号虚箭线表示图

2、4节点之间的箭线是虚箭线，表示工作A是工作E的紧前工作，其虚箭线本身没有任何时间和资源的消耗，同理5、7节点之间的虚箭线表示E和J工作的紧前紧后工作逻辑关系，依然不消耗任何时间和资源。

（2）节点　节点就是网络图中两项工作之间的交接之点，用圆圈表示。

1）节点的含义。

① 表示前一项工作结束和后面一项工作开始的瞬间，节点不需要消耗时间和资源。

② 箭线的箭尾节点表示该工作的开始，箭线的箭头节点表示该工作的结束。

③ 根据节点位置不同，分为起始节点、终点节点和中间节点。

如图2-9所示，①节点是整个工程的起始节点，⑧节点是整个工程的终止节点（简称终结点），④节点表示E工作开始的一瞬间，表示B、F工作结束的一瞬间。

2）节点的编号。

① 在对节点进行编号时必须满足两条基本原则：箭头节点的编号大于箭尾节点的编号；在一个网络图中，所有节点的编号不能重复，号码可以连续，也可以不连续。

② 节点编号的方法有两种：水平编号法、垂直编号法。

（3）线路和关键线路

1）线路。网络计划中从起始节点开始，沿箭头方向，通过一系列箭线与节点，最后达到终点节点的通路称为线路。每个网络图中，从起点到终点，一般都存在着多条线路，但其

建筑工程施工组织设计

数目是确定的。如图 2-10 所示的网络图中共有 5 条线路。每条线路都包括若干项工作，这些工作的持续时间之和就是该线路的时间长度，即线路上的总持续时间。根据线路时间的不同，将线路分为关键线路和非关键线路两种。

2）关键线路和关键工作。线路上总持续时间最长的线路称为关键线路，其他线路称为非关键线路。如图 2-10 所示，线路①→③→④→⑥总的持续时间最长，为 14 天，即为关键线路。

关键线路具有以下特点：

① 关键线路的线路时间，代表整个网络图的计划总工期，延长关键线路上任何工作的时间都会导致总工期的后延。

② 一个网络计划中，至少存在一条关键线路。

③ 关键线路上的工作称为关键工作，均无任何机动时间。

④ 缩短某些关键工作的持续时间，有可能将关键线路转化为非关键线路。

⑤ 关键线路宜用粗箭线、双箭线或彩色箭线标注，以突出其在网络计划中的重要位置。

非关键线路是指在网络图所有线路中，除关键线路以外的其他所有线路。如图 2-10 所示，线路①→②→④→⑥、①→②→③→④→⑥、①→②→③→⑤→⑥、①→③→⑤→⑥都为非关键线路。非关键线路具有以下特点：

① 非关键线路的线路时间，仅代表该条线路的计划工期。

② 非关键线路均有机动时间。

③ 非关键线路上的工作，除了关键工作外，其余均为非关键工作。

④ 如果拖延某些非关键工作的持续时间，非关键线路有可能转化为关键线路。

①→②→④→⑥（8天）；
①→②→③→④→⑥（10天）；
①→②→③→⑤→⑥（9天）；
①→③→④→⑥（14天）；
①→③→⑤→⑥（13天）；
共5条线路。

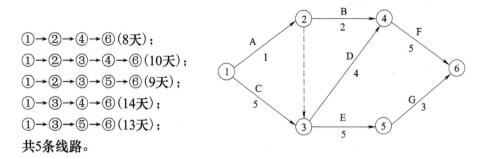

图 2-10　双代号网络计划图线路示意图

2. 网络图的其他几个重要的基本概念

（1）逻辑关系　网络图中的逻辑关系是指网络计划中所表示的各项工作之间客观存在或主观上安排的先后顺序关系。这种顺序关系划分为两类：

1）工艺关系——工艺关系是指生产工艺上客观存在的先后顺序关系，或者是非生产性工作之间由工艺程序决定的先后顺序关系。例如，建筑工程施工时，先做基础，后做主体；

先做结构，后做装饰。工艺关系是不能随意改变的。

2）组织关系——组织关系是指在不违反工艺关系的前提下，人为安排的工作的先后顺序关系。如建筑群中各个建筑物开工顺序的先后；施工对象的分段流水作业等。组织顺序可以根据具体情况按安全经济、高效的原则统筹安排。

（2）紧前工作　紧排在本工作之前的工作称为本工作的紧前工作，本工作和紧前工作之间可能有虚工作。如图 2-11 所示，扎筋 1 是扎筋 2 的组织关系上的紧前工作；扎筋 2 和支模 2 之间虽有虚工作，但扎筋 2 仍然是支模 2 的组织关系上的紧前工作；扎筋 1 是支模 1 的工艺关系上的紧前工作。

（3）紧后工作　紧排在本工作之后的工作称为本工作的紧后工作。本工作和紧后工作之间可能有虚工作。如图 2-11 所示，扎筋 2 是扎筋 1 的组织关系上的紧后工作；支模 1 是扎筋 1 的工艺关系上的紧后工作。

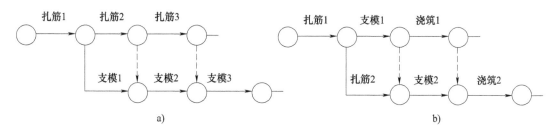

图 2-11　两种工作逻辑关系示例

a）水平方向表示组织关系　b）水平方向表示工艺关系

（4）后续工作　自某工作之后至终点节点在同一条线路的所有工作。

（5）先行工作　自起点节点至某工作之前在同一条线路的所有工作。

（6）平行工作　可与本工作同时进行的工作称为本工作的平行工作。如图 2-11 所示，支模 1 是扎筋 2 的平行工作。

3.　虚箭线在双代号网络图中的应用

双代号网络计划中，只表示前后相邻工作之间的逻辑关系，既不占用时间，也不耗用资源的虚拟工作称为虚工作。虚工作用虚箭线表示，其表达形式可垂直方向向上或向下，也可水平方向向右如图 2-12 所示。网络图中的虚工作起着连接、区分和断路的作用。

（1）连接作用　图 2-12a 是错误画法，其违背了双代号网络计划图的绘制原则，为了让图 2-12a 符合绘图原则，可以利用虚箭线改正为图 2-12b 的样子，此时，虚箭线的作用是连接。

（2）区分作用　图 2-12c 是正确的，左侧的虚箭线是为了区分 A、B、E、F 四个工作之间的逻辑关系，右侧的虚箭线是为了区分 C、D、G、H 四个工作之间的逻辑关系，此时的虚箭线的作用是区分。

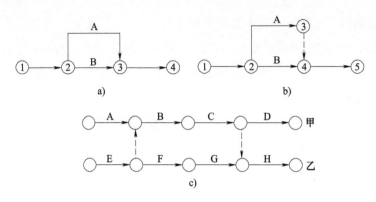

图 2-12　虚箭线的应用

a）错误　b）、c）正确

（3）断路作用　图 2-13a 中，虚箭线没有起到表达工序组织关系的作用，我们可以看出，挖 2 的紧后工作不仅仅有垫 2，还有基 1，这是不符合工程实际的，那么我们对图 2-13a 进行改动，更正成为图 2-13b，这样虚箭线不仅很好地表达了工序的组织关系，还为某一工序（施工过程）里面的各个工作进行了断路，起到了很直观的表达逻辑关系的作用。

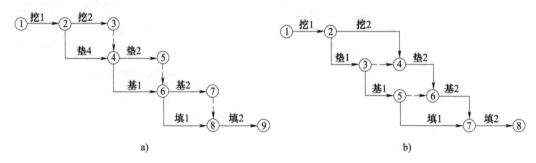

图 2-13　虚箭线在双代号网络计划图中断路的作用

2.2.3　双代号网络图的绘制

在网络图中，最重要的是正确地表达各施工工艺流程和各项工作施工的先后顺序及其相互依存和相互制约的逻辑关系。因此，正确绘制网络图是为了进一步计算和网络图的优化打下一个良好的基础。正确绘制网络图应满足工作构成清楚、逻辑关系正确、时间计算准确及符合绘制符号规定等要求。

1. 双代号网络图的绘制规则

绘制双代号网络图，必须遵守一定的基本规则，才能明确地表达出工作的内容，准确地表达出工作间的逻辑关系，并且使所绘出的图易于识读和操作。

1）双代号网络图必须表达已定的逻辑关系。

2）在双代号网络图中，严禁出现循环回路，即不允许从一个节点出发，沿箭线方向再返回到原来的节点。在图 2-14 中，②→③→④就组成了循环回路，导致违背逻辑关系的错误。

3）在双代号网络图中，节点之间严禁出现带双向箭头或无箭头的连线，图 2-15 中②→③连线无箭头，②→④连线有双向箭头，均是错误的。

4）在双代号网络图中，严禁出现没有箭头节点或没有箭尾节点的箭线，如图 2-16 所示。

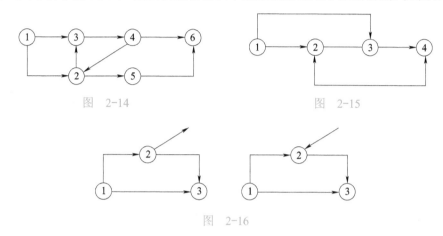

图 2-14　　　　　　　　　　　　图 2-15

图 2-16

5）在双代号网络图中，不允许出现相同编号的节点或箭线。在图 2-17a 中，A、B 两个施工过程均由①→②代号表示是错误的，正确的表达应如图 2-17b 或 c 所示。

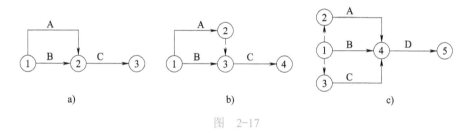

a)　　　　　　　　　　b)　　　　　　　　　　c)

图 2-17

6）在双代号网络图中，只允许有一个起点节点和一个终点节点。如图 2-18 所示，节点①、②、③都表示计划的开始，⑫、⑬、⑭都表示计划的完成，这是错误的。应引入虚工作，改成图 2-19 所示的形式，这时①为计划的原始节点，⑪为计划的结束节点，其余节点均为中间节点。

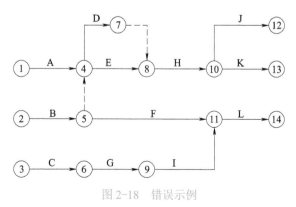

图 2-18　错误示例

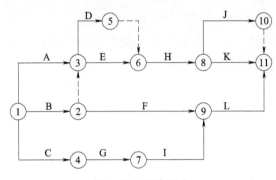

图 2-19 正确形式

7）在双代号网络图中，不允许出现一个代号代表一个施工过程。如图 2-20a 中，施工过程 A 的表达是错误的，正确的表达应如图 2-20b 所示。

8）在双代号网络图中，应尽量减少交叉箭线，当无法避免时，应采用过桥法或断线法表示。如图 2-21a 为过桥法形式，图 2-21b 为断线法表示。

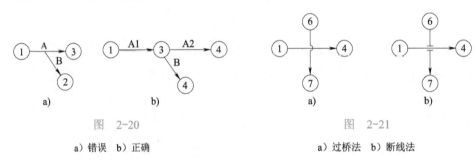

图 2-20
a）错误　b）正确
注：不允许出现一个代号代表一项工作。

图 2-21
a）过桥法　b）断线法

2. 双代号网络图绘制方法与步骤

双代号网络图绘制方法很多，这里仅介绍逻辑草稿法。即先根据网络计划的逻辑关系，绘制出草图，再按照绘图规则进行调整布局，最后形成正式网络图。具体绘制方法和步骤如下：

1）绘制没有紧前工作的工作，使它们具有相同的箭尾节点，即起点节点。

2）依次绘制其他各项工作。

3）合并没有紧后工作的箭线，即为终点节点。

4）检查逻辑关系没有错误，也无多余箭线后，进行节点编号。

5）保证在不改变网络图正确的逻辑关系前提下，尽量减少不必要的箭线和节点，使图面更加简洁明了。

例 2-7　已知某施工过程工作间的逻辑关系见表 2-5，试绘制双代号网络图。

表 2-5

工作名称	A	B	C	D	E	F	G	H
紧前工作	—	—	—	A	A、B	B、C	D、E	E、F
紧后工作	D、E	E、F	F	G	G、H	H	—	—

解 1）绘制没有紧前工作的工作 A、B、C，如图 2-22a 所示。

2）根据图 2-22a 绘制工作 D、G，如图 2-22b 所示。

3）根据图 2-22b 将工作 A、B 的箭头节点合并，并绘制工作 E；将工作 B、C 的箭头节点合并，并绘制工作 F，如图 2-22b 所示。

4）根据图 2-22b，将工作 D、E 的箭头节点合并，并绘制工作 G；将工作 E、F 的箭头节点合并，并绘制工作 H，如图 2-22c 所示。

5）将没有紧后工作的箭线合并，得到终点节点，并对图形进行调整，使其美观对称。

6）检查无误后，进行编号即得正式图，如图 2-22d 所示。

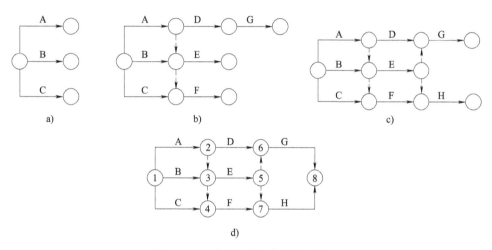

图 2-22 双代号网络计划图绘制例题

3. 绘制双代号网络图的注意事项

1）网络图布局要条理清楚、重点突出。

2）正确应用虚箭线进行网络图的断路。

3）力求减少不必要的箭线和节点。

4）正确分解网络图。

2.2.4 双代号网络计划时间参数计算

正确绘制网络图是确定一项工作的定性指标，而网络图的时间参数计算则是该计划的定量指标。在网络图中，最重要的是正确计算双代号网络图的时间参数。

网络图的时间参数计算目的在于确定网络图上各项工作和各个节点的时间参数，确定关键线路，抓住主要矛盾，确定总工期，为网络计划的优化、调整和执行提供准确的时间，使网络图具有实际应用价值。

1. 双代号网络计划的时间参数及其符号

所谓时间参数，是指网络计划、工作及节点所具有的各种时间值。

（1）工作持续时间　工作持续时间也叫作业时间，是指一项工作从开始到完成的时间。在双代号网络计划中，工作 $i-j$ 的持续时间用 D_{i-j} 表示。其计算方法有：

1）参照以往实际经验估算。

2）经过试验推算。

3）按定额计算。

（2）工期　工期泛指完成一项任务所需要的时间。在网络计划中，工期一般有以下三种：

1）计算工期：是指根据时间参数计算所得的工期，用 T_c 表示。

2）要求工期：是指任务委托人提出的指令性工期，用 T_r 表示。

3）计划工期：是指根据要求工期和计算工期所确定的作为实施目标的工期，用 T_p 表示。当规定了要求工期时，$T_p \leq T_r$；当未规定要求工期时，$T_p = T_c$。

（3）工作时间参数　网络计划中的时间参数有六个：最早开始时间、最早完成时间、最晚完成时间、最晚开始时间、总时差和自由时差。

1）最早开始时间（earliest start time）和最早完成时间（earliest finish time）。在双代号网络计划中，工作 $i-j$ 的最早开始时间和最早完成时间分别用 ES_{i-j} 和 EF_{i-j} 表示，其中：$EF_{i-j} = ES_{i-j} + D_{i-j}$。

这类时间参数受起点节点的控制。其计算程序是：自起点节点开始，顺着箭线方向，用累加的方法计算终点节点。即：沿线累加，逢圈取大。

2）最晚开始时间（lastest start time）和最晚完成时间（lastest finish time）。在双代号网络计划中，工作 $i-j$ 的最晚开始时间和最晚完成时间分别用 LS_{i-j} 和 LF_{i-j} 表示，其中：$LF_{i-j} = LS_{i-j} + D_{i-j}$。自终点节点开始，逆着箭线方向，用累减的方法计算起点节点。即：逆线累减，逢圈取小。

3）总时差（total float）和自由时差（free float）。

① 工作的总时差是指在不影响总工期的前提下，本工作可以利用的机动时间（富余时间）。工作的总时差等于本工作的最晚开始时间减本工作的最早开始时间，即：$TF_{i-j} = LS_{i-j} - ES_{i-j}$。

② 工作的自由时差是指在不影响其紧后工作最早开始时间的前提下，本工作可以利用的机动时间（富余时间）。工作的自由时差等于紧后工作的最早开始时间减本工作的最早开始时间再减本工作持续时间之差，即：$FF_{i-j} = ES_{j-k} - ES_{i-j} - D_{i-j}$。

2. 网络计划各时间参数的计算

网络计划时间参数的计算方法通常有：分析计算法、图上计算法、表上计算法、矩阵法和电算法等，在此仅介绍图上计算的六时标注法。

图上计算法是根据工作时间参数的计算公式，在图上直接计算的一种较直观、简便的方法，其标注方法有三种，如图 2-23 所示。

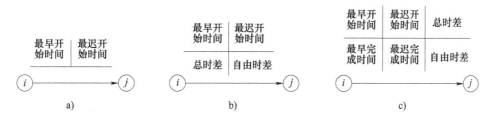

图 2-23 时间参数的图上标注方法

a）二时标注法 b）四时标注法 c）六时标注法

下面结合示例说明六时标注法时间参数的计算。

例 2-8 根据图 2-24 所示网络计划图，按六时标注法计算时间参数。

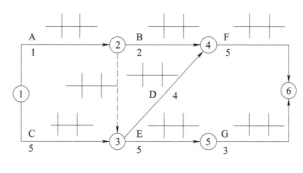

图 2-24

解 【所有步骤之前，请在原图中找到合适的位置，绘制六时标注法的"廾"字格】

（1）计算工作的最早开始时间 ES_{i-j}

工作的最早开始时间的计算应从网络计划的起始节点开始，顺着箭线方向依次进行。其计算步骤如下：

1）以网络计划起始节点为开始节点的工作，当未规定其最早开始时间时（默认情况下，与起始节点相连的所有工作的最早开始时间为零），最早开始时间为 0。

2）其他工作的最早开始时间等于紧前工作的最早完成时间的最大值，即最早开始时间加紧前工作的工作持续时间之和中的最大值，其计算式：

$$ES_{i-j}=\max EF_{h-j}=\max\{ES_{h-i}+D_{h-i}\}$$

同理，将其他工作的计算结果标注在箭线上方各工作图例对应的位置上（图 2-25）。

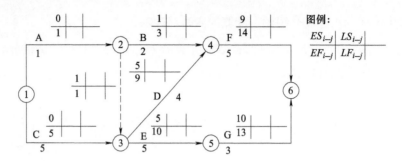

图 2-25　根据计算时间参数原则，计算并标注最早开始、最早完成时间

3）当双代号网络计划图中出现虚箭线时，可以依据以上规则，将虚箭线视为与其他工作相同的真实工作进行计算，只不过，虚箭线的工作持续时间为零。

（2）计算工期 T_c

网络计划的计算工期应等于以网络计划终点节点为完成节点的工作的最早完成时间的最大值，即：

$$T_c = \max EF_{i-n} = \max\{ES_{i-n} + D_{i-n}\} \tag{2-13}$$

本例中，与终结点相连的工作有 F 和 G，F 的最早完成时间为 14d，G 的最早完成时间为 13d，所以本例中工期为 14d。

（3）计算工作的最晚开始时间 LS_{i-j}

工作的最晚开始时间的计算应从网络计划终点节开始，逆着箭头的方向依次进行。其计算步骤如下：

1）以网络计划终点节为完成节点的工作的最早开始时间等于计算工期减其工作的持续时间。即：$LS_{i-j} = T_c - D_{i-n}$。

2）其他工作的最晚开始时间的计算用公式：

$$LS_{i-j} = \min\{LS_{j-k} - DS_{j-k}\} \tag{2-14}$$

3）与终结点相连所有工作的最晚完成时间，是工期的数值（图 2-26）。

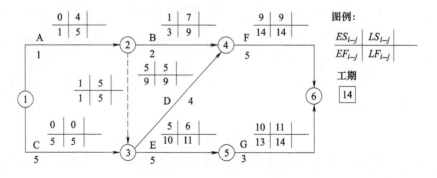

图 2-26　根据计算时间参数原则，计算并标注最晚开始、最晚完成时间参数

（4）计算工作的总时差 TF_{i-j}

工作的总时差可采用"迟早相减，所得之差"的计算方法求得。即工作的总时差等于该工作的最晚开始时间减去工作的最早开始时间，如公式：

$$TF_{i-j}=LS_{i-j}-ES_{i-j} \tag{2-15}$$

（5）计算工作的自由时差 FF_{i-j}

$$FF_{i-j}=ES_{j-k}-ES_{i-j}-D_{i-j} \tag{2-16}$$

总时差和自由时差的计算结果，如图 2-27 所示。

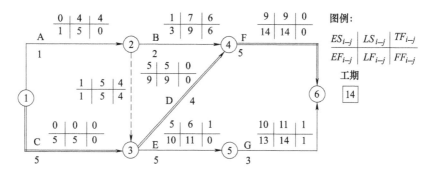

图 2-27 计算总时差和自由时差

所有计算到了图 2-27 的步骤，就已经完成了六个时间参数的计算，图 2-27 中双线表示该工程的关键线路。我们之前讲解双代号网络计划图基本概念时提到过，关键线路就是指从起始节点开始到终结点结束，持续时间最长的一条线路。但是，在大部分比较复杂的网络计划图中，按照此方法去寻找关键线路是一件十分麻烦的事情，那么在我们学习了六时标注法之后，会发现一个规则：所有总时差和自由时差为零的工作就是关键工作，将所有关键工作连接在一起，就形成了关键线路。

2.2.5 双代号时标网络计划图识读

1. 双代号时标网络计划的概念

时标网络计划又称日历网络图，它是双代号网络计划与横道计划的有机结合，这样既解决了横道计划中各施工过程关系表达不明确的问题，又解决了双代号网络计划时间表达不直观的问题。

双代号时标网络计划具有以下特点：

1）双代号时标网络计划中工作箭线的长度与工作持续时间长度一致。

2）双代号时标网络计划可以直接显示各施工过程的时间参数。

3）双代号时标网络计划在绘制中受到坐标的限制，容易发现"网络回路"之类的逻辑错误。

4）双代号时标网络计划以实箭线表示工作，以虚箭线表示虚工作，以波形线表示工作的时差，若按最早开始时间编制网络图，其波形线所表示的是工作的自由时差。

5）节点中心必须对准相应的时标位置，虚工作尽可能以垂直方向的虚箭线表示，当工作面停歇或班组工作不连续时，会出现虚箭线占用时间的情况。

6）可以直接在时标网络图上统计劳动力、材料、机具资源等需要量，便于绘制资源消耗动态曲线，也便于计划的控制和分析。

2. 时标网络计划的绘制方法

时标网络计划的绘制方法有间接绘制法和直接绘制法两种。

（1）间接绘制法 是指先计算网络计划的时间参数，再根据时间参数按草图在时间坐标上进行绘制的方法；可按最早时间绘制，也可按最晚时间绘制，但是进度风险大。

步骤：

1）绘制非时标网络计划草图，计算时间参数，确定关键工作及关键线路。

2）确定时间单位并绘制时标横轴（单位可为天、周、月、季等），时标表的顶部或底部均有时标，可加日历；时间刻度线用细线，也可不画。

3）根据工作的最早开始时间或节点的最早时间，从起点节点开始将各节点逐个定位在时间坐标轴上。

4）依次在各节点后面绘出各等线的长度（D_{i-j}），当箭线长度不足以达到工作的完成节点时，用波形线补足。

5）用虚箭线连接有关节点，将各有关的施工过程连接起来。

6）时差为零的所有箭线连成的线路为关键线路，用粗实线或双箭线表示。

（2）直接绘制法 是指不计算网络计划的时间参数，直接按草图在时间坐标上进行绘制的方法。其步骤为：

1）定坐标线；绘制时标计划表，注明时标的长度单位。

2）起点定在起始刻度线上。

3）用工作持续时间在时间坐标上从起点节点依次绘制箭线，箭线长度不足以达到该节点时，用波形线补足，直至网络计划的终点节点为止。终点节点是在无紧后工作的工作全部绘出后，定位在最晚完成的时标。

4）工艺或组织上有逻辑关系的工作，用箭线表示，若箭线占用时间，说明工作面上有间歇或人工窝工。

5）时差为零的所有箭线连成的线路为关键线路，用粗实线或双箭线表示。

3. 双代号时标网络计划图的编制要求

1）宜按最早时间绘制。

2）先绘制时间坐标轴。时标坐标表的顶部或底部均有时标，可加日历；时间刻度线用细线，也可不画。

3）实箭线表示实际工作，虚箭线表示虚工作，自由时差用波形线表示。

4）节点中心必须对准刻度线。

5）虚工作必须用垂直虚箭线表示，其自由时差用波形线表示。

4. 双代号时标网络计划关键线路及时间参数的确定

（1）关键线路的判定　时标网络计划的关键线路可自终点节点逆箭线方向朝起点节点逐次进行判定，自终点节点至起点节点都不出现波形线的线路即为关键线路。

（2）工期的确定　时标网络计划的计算工期，应是其终点节点与起始节点所在位置的时标值之差。

（3）工作最早时间参数的判定　按最早时间绘制的时标网络计划，每条箭线的箭尾和箭头所对应的时标值即为该工作的最早开始时间和最早完成时间。

（4）时差的判定与计算

1）自由时差：时标网络图中，波形线的水平投影长度即为该工作的自由时差。

2）工作总时差：工作总时差不能从图上直接判定，需要分析计算。计算应逆着箭头的方向自右向左进行。计算公式为

$$TF_{i-j}=\min\{TF_{j-k}\}+FF_{i-j} \tag{2-17}$$

例 2-9　某装修工程有三个楼层，有吊顶、顶墙涂料和铺木地板三个施工过程。其中每层吊顶确定为三周、顶墙涂料定为两周、铺木地板定为一周完成，如图 2-28 所示，试绘制时标网络计划。

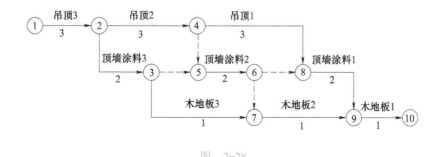

图　2-28

解　图 2-29 中波浪线表示自由时差。

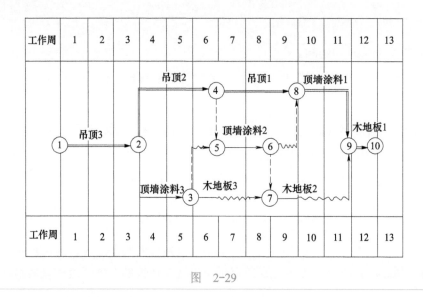

图 2-29

5. 绘制时标网络计划图的计算机软件

当下比较流行的绘制时标网络计划图的软件有品茗、清华斯维尔、广联达、西西网络图等，同学们可以去官方网站下载学习版软件进行操作，加深学习印象。

2.2.6 单代号网络计划

单代号网络图是指以节点及其编号表示工作，以箭线表示工作之间逻辑关系的网络图。用单代号网络图表示的计划称为单代号网络计划。如图 2-30 所示是一个简单的单代号网络图。

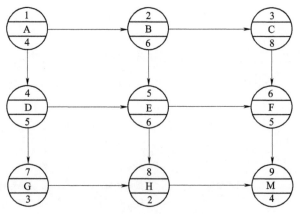

图 2-30 单代号网络图

与双代号网络图比较，单代号网络图的逻辑关系容易表达，绘图简便，便于检查修改；单代号网络图没有虚箭线，产生逻辑错误的可能较小。

单代号网络图用节点表示工作，更适合用计算机进行绘制、计算、优化和调整。最新发展起来的几种网络计划形式，如决策网络（DCPM）、图示评审技术（GERT）等，都是采用单代号表示的。

正是由于具有以上特点，近年来国内外对单代号网络图逐渐重视起来。特别是随着计算机在网络计划中的应用不断扩大，单代号网络图获得了广泛的应用。

1. 单代号网络图的基本组成符号

单代号网络图的基本符号由箭线、节点和线路构成。其各自表示的含义如下：

（1）箭线　单代号网络图中箭线仅用来表示工作之间的顺序关系。箭线既不占用时间，也不消耗资源，单代号网络图中没有虚箭线。箭线的箭头表示工作的前进方向，箭尾节点表示的工作为箭头节点表示工作的紧前工作（图 2-31）。

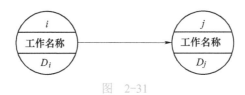

图　2-31

（2）节点　在单代号网络图中，节点及其编号表示一项工作。节点可以采用圆圈，也可以采用方框表示。节点所表示的工作名称、持续时间、节点编号一般都标注在圆圈或方框内，如图 2-32 所示。

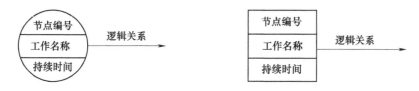

图　2-32

单代号网络图中的节点为一个单独编号表示一项工作，必须编号，其号码可间断但严禁重复。在对网络图的节点进行编号时，箭线的箭尾节点编号应小于箭头节点编号，采用阿拉伯数字表示。

（3）线路　单代号网络图的线路同双代号网络图的线路含义相同，即在线路上总持续时间最长的线路称为关键线路，其他线路称为非关键线路。

关键工作用较粗的箭线或双箭线来表示，以示与非关键线路上的工作区别。

2. 单代号网络图绘图基本规则

1）单代号网络图必须正确表述已定的逻辑关系。

2）单代号网络图中严禁出现循环回路。

3）单代号网络图中严禁出现双向箭头或无箭头的连线。

4）单代号网络图中严禁出现没有箭尾节点的箭线和没有箭头节点的箭线。

5）绘制网络图时，箭线不宜交叉。当交叉不可避免时，可采用过桥法和指向法绘制。

6）单代号网络图只应有一个起点节点和一个终点节点，当网络图中有多项起点节点或多项终点节点时，应在网络图的两端分别设置一项虚工作作为该网络图的起点节点（S_t）和终点节点（F_n）。

3. 单代号网络图的时间参数计算

单代号网络计划的时间参数基本内容和形式应按图 2-33 或图 2-34 所示的方式标注。

ESi
EFi
TFi
i
工作名称
Di
FFi
LSi
LFi
LAGi,j
ESj
EFj
TFj
j
工作名称
Dj
FFj
LSj
LFj

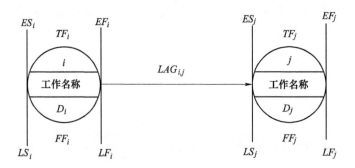

图 2-33 单代号网络计划的时间参数标注（一）

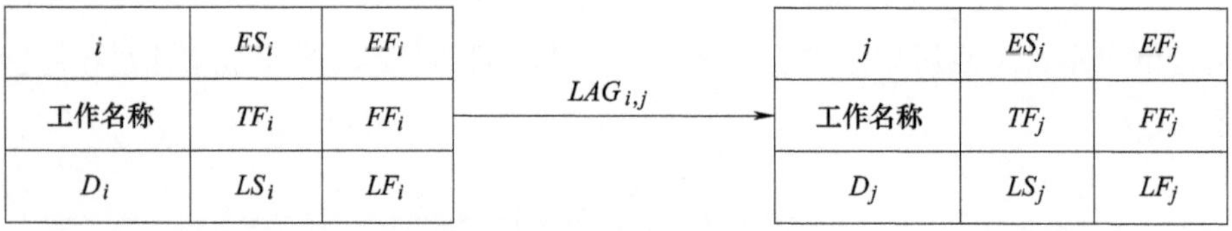

i
ESi
EFi
工作名称
TFi
FFi
Di
LSi
LFi
LAGi,j
j
ESj
EFj
工作名称
TFj
FFj
Dj
LSj
LFj

图 2-34 单代号网络计划的时间参数标注（二）

单代号网络计划的时间参数按下列顺序和步骤计算：

1）工作最早开始和最早完成时间的计算。工作 i 的最早开始时间 ES_i 应从网络计划的起点节点开始，顺着箭线方向逐项计算，并符合下列规定：

①起点节点 i 的最早开始时间 ES_i，当未规定其开始时间时，其值应等于 0，即：

$$ES_i=0\ (i=1) \tag{2-18}$$

②当节点 i 只有一项紧前工作 h 时，其最早开始时间 ES_i 为

$$ES_i=ES_h+D_h \tag{2-19}$$

式中 ES_h——工作 i 的紧前工作 h 的最早开始时间；

D_h——工作 i 的紧前工作 h 的持续时间。

③当节点 i 有多项紧前工作时，其最早开始时间 ES_i 为

$$ES_i=\max_h\{ES_h+D_h\} \tag{2-20}$$

④工作 i 的最早完成时间应按下式计算：

$$EF_i=ES_i+D_i \tag{2-21}$$

2）网络计划工期的计算。

①网络计划的计算工期。当终点节点为 n 时，工作 n 的最早完成时间即为网络计划的计算工期 T_c，其计算公式为

$$T_c=EF_n \tag{2-22}$$

②网络计划的计划工期。网络计划的计划工期 T_p 的确定应按下述规定：

当已规定了要求工期 T_r 时：

$$T_p \leqslant T_r \tag{2-23}$$

当未规定要求工期时，可令计划工期等于计算工期：

$$T_p=T_c \tag{2-24}$$

3）相邻两项紧前紧后工作时间间隔的计算。工作 i 的最早完成时间 EF_i，与其紧后工作 j 的最早开始时间 ES_j 的时间间隔 LAG_{i-j}，等于工作 j 的最早开始时间 ES_j 与工作 i 的最早完成时间 EF_i 之差，其计算公式为

$$LAG_{i-j}=ES_j-EF_i \tag{2-25}$$

当终点节点 n 为虚拟节点时，其紧前工作 m 与虚拟工作 n 的时间间隔为

$$LAG_{m-n}=T_p-EF_m \tag{2-26}$$

4）计算自由时差。根据自由时差的定义，当工作 i 有紧后工作 j 时，其自由时差应按下式计算：

$$FF_i = \min_j\{LAG_{i-j}\} \tag{2-27}$$

终点节点 n 所代表工作的自由时差应按下式计算：

$$FF_n=T_p-EF_n \tag{2-28}$$

5）计算总时差。工作的总时差 TF_i 应从网络计划的终点节点开始，逆着箭线方向依次逐项计算。当部分工作分期完成时，有关工作的总时差必须从分期完成的节点开始逆向逐项计算。

终点节点 n 所代表工作的总时差 TF_n 应按下式计算：

$$TF_n=T_p-EF_n$$

其他工作 i 的总时差 TF_i 应按下式计算：

$$TF_i = \min_j\{TF_j + LAG_{i-j}\} \tag{2-29}$$

证明过程：

据定义，$TF_i=LF_i-EF_i$

因 $LF_i=\min_j\{LS_j\}$（$\min_j\{LS_j\}$ 代表工作 i 的所有紧后工作 j 的最晚开始时间的最小值）

故 $TF_i=\min_j\{LS_j\}-EF_i$

$$=\min_{j}\{LS_j - EF_i\}$$

$$=\min_{j}\{(LS_j - ES_j) + (ES_j - EF_i)\} \tag{2-30}$$

$$=\min_{j}\{TF_j + LAG_{i-j}\}$$

6）计算工作最晚必须开始时间和最晚必须结束时间。终点节点 n 所代表的工作的最晚完成时间 LF_n 应按网络计划的计划工期 T_p 确定，即：

$$LF_n = T_p \tag{2-31}$$

其他工作 i 的最晚完成时间 LF_i 应为

$$LF_i = EF_i + TF_i$$

或

$$LF_i = \min_{j}\{LS_j\} \tag{2-32}$$

式中　LS_j——工作 i 的各项紧后工作 j 的最晚开始时间。

由总时差与工作最早时间和最晚时间的关系式：

$$TF_i = LF_i - EF_i = LS_i - ES_i$$

4. 单代号网络计划的关键工作和关键线路的确定

（1）关键工作的确定　在网络计划中机动时间最少的工作称为关键工作。因此，网络计划中工作总时差最小的工作也就是关键工作。当计划工期等于计算工期时，总时差为零的工作就是关键工作；当计划工期小于计算工期时，关键工作的总时差为负值，说明应研究更多措施以缩短计算工期；当计划工期大于计算工期时，关键工作的总时差为正值，说明计划已留有余地，进度控制主动了。

（2）关键线路的确定　网路计划中自始至终全由关键工作组成的线路称为关键线路。在肯定型网络计划中是指线路上工作总持续时间最长的线路。关键线路在网络图中宜用粗线、双线或彩色线标注。

单代号网络计划中将相邻两项关键工作的间隔时间为零的关键工作连接起来而形成的自起点节点到终点节点的通路就是关键线路。

5. 单代号网络图和双代号网络图的比较

1）单代号网络图绘制方便，不必设虚工作。在此点上，弥补了双代号网络图的不足。

2）单代号网络图具有便于说明、容易被非专业人员所理解和易于修改的优点。

3）双代号网络图表示工程进度比用单代号网络图更为形象，特别是应用于带时间坐标网络图中。

4）双代号网络图应用电子计算机进行计算和优化过程更为简便，这是因为双代号网络图中用两个代号代表一项工作，可直接反映其紧前或紧后工作的关系；而单代号网络图就必须按工作逐个列出其紧前或紧后工作关系，这在计算机中占用更多的存储单元。

由于单代号和双代号网络图有上述各自的优缺点，故两种表示法在不同情况下，其表现的繁简程度是不同的。有些情况下，应用单代号表示法较为简单；有些情况下，应用双代号表示法更为清楚。因此，单代号和双代号网络图是两种互为补充、各具特点的表示方法。

6. 单代号网络图工作时间参数计算示例

例 2-10　计算图 2-35 单代号网络图的时间参数，并确定关键线路。

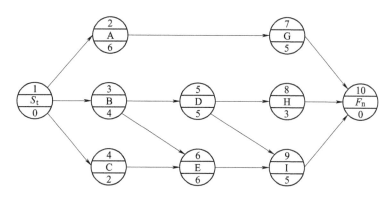

图 2-35　单代号网络图

解　计算网络计划的时间参数。

（1）工作最早开始时间（ES_i）和最早完成时间（EF_i）

$ES_{S_t} = 0$　　$EF_{S_t} = ES_{S_t} + D_{S_t} = 0 + 0 = 0$

$ES_A = 0$　　$EF_A = ES_A + D_A = 0 + 6 = 6$

$ES_B = 0$　　$EF_B = ES_B + D_B = 0 + 4 = 4$

$ES_C = 0$　　$EF_C = ES_C + D_C = 0 + 2 = 2$

$ES_D = 4$　　$EF_D = ES_D + D_D = 4 + 5 = 9$

$ES_E = 4$　　$EF_E = ES_E + D_E = 4 + 6 = 10$

$ES_G = 6$　　$EF_G = ES_G + D_G = 6 + 5 = 11$

$ES_H = 9$　　$EF_H = ES_H + D_H = 9 + 3 = 12$

$ES_I = 10$　　$EF_I = ES_I + D_I = 10 + 5 = 15$

$ES_{F_n} = 15$　　$EF_{F_n} = ES_{F_n} + D_{F_n} = 15 + 0 = 15$

（2）计算相邻两项紧前紧后工作时间间隔（LAG_{i-j}）

$LAG_{S_t-A} = ES_A - EF_{S_t} = 0 - 0 = 0$

$LAG_{S_t-B} = ES_B - EF_{S_t} = 0 - 0 = 0$

$LAG_{S_t-C} = ES_C - EF_{S_t} = 0 - 0 = 0$

$LAG_{A-G} = ES_G - EF_A = 6 - 6 = 0$

$LAG_{B-E}=ES_E-EF_B=4-4=0$

$LAG_{B-D}=ES_D-EF_B=4-4=0$

$LAG_{C-E}=ES_E-EF_C=4-2=2$

$LAG_{D-H}=ES_H-EF_D=9-9=0$

$LAG_{D-I}=ES_I-EF_D=10-9=1$

$LAG_{E-I}=ES_I-EF_E=10-10=0$

$LAG_{G-F_n}=ES_{F_n}-EF_G=15-11=4$

$LAG_{H-F_n}=ES_{F_n}-EF_H=15-12=3$

$LAG_{I-F_n}=ES_{F_n}-EF_I=15-15=0$

（3）确定网络图的工期

$T_p=T_c=15$

（4）计算自由时差

$$FF_{S_t} = \min_j \{LAG_{S_t-A}, LAG_{S_t-B}, LAG_{S_t-C}\} - \min \{0,0,0\} = 0$$

$FF_A=LAG_{A-G}=0$

$$FF_B = \min_j \{LAG_{B-D}, LAG_{B-E}\} = \min \{0,0\} = 0$$

$FF_C=LAG_{C-E}=2$

$$FF_D = \min_j \{LAG_{D-H}, LAG_{D-I}\} = \min \{0,1\} = 0$$

$FF_E=LAG_{E-I}=0$

$FF_G=LAG_{G-F_n}=4$

$FF_H=LAG_{H-F_n}=3$

$FF_C=LAG_{C-E}=0$

（5）计算工作的最晚开始（LS_j）和最晚完成（LF_i）

$LF_{F_n}=T_p=15$	$LS_{F_n}=15-0=15$
$LF_I=T_p=15$	$LS_I=15-5=10$
$LF_H=T_p=15$	$LS_{F_n}=15-3=12$
$LF_G=15$	$LS_G=15-5=10$
$LF_E=10$	$LS_G=10-6=4$
$LF_D= \min \{LS_H, LS_I\} =10$	$LS_D=10-5=5$
$LF_C=4$	$LS_C=4-2=2$

$$LF_B = \min\{LS_D, LS_E\} = 4 \qquad LS_D = 4-4 = 0$$

$$LF_A = 10 \qquad LS_A = 10-6 = 4$$

$$LF_{S_t} = \min\{LS_A, LS_B, LS_C\} = 0 \qquad LS_D = 0-0 = 0$$

（6）计算工作的总时差（TF_i）

根据公式，$TF_i = LF_i - EF_i = LS_i - ES_i$

$$TF_{S_t} = LF_{S_t} - EF_{S_t} = 0-0 = 0$$

$$TF_A = LF_A - EF_A = 10-6 = 4$$

$$TF_B = LF_B - EF_B = 4-4 = 0$$

$$TF_C = LF_C - EF_C = 4-2 = 2$$

$$TF_D = LF_D - EF_D = 10-9 = 1$$

$$TF_E = LF_E - EF_E = 10-10 = 0$$

$$TF_G = LF_G - EF_G = 15-11 = 4$$

$$TF_H = LF_H - EF_H = 15-12 = 3$$

$$TF_I = LF_I - EF_I = 15-15 = 0$$

$$TF_{F_n} = LF_{F_n} - EF_{F_n} = 15-15 = 0$$

（7）确定关键工作和关键线路

如图 2-36 所示，最小的总时差是"0"，所以，凡是总时差为"0"的工作均为关键工作。关键工作为 B → E → I。自始至终全由关键工作组成的线路为关键线路，故关键线路为 S_t → B → E → I → F_n。

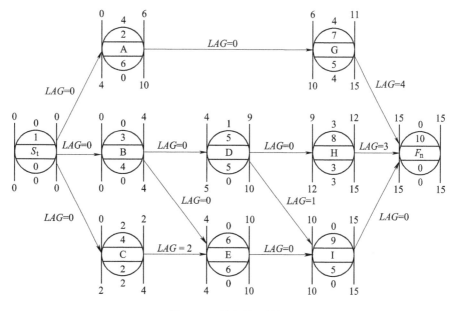

图 2-36 单代号网络图

2.3　网络计划优化

网络计划的优化是指利用时差不断地改善网络计划的最初方案，在满足既定目标的条件下，按某一衡量指标（时间、资源、成本等）来寻求最优方案，应用统筹法向关键线路要时间，向非关键线路要节约。

网络计划的优化目标，应按计划任务的需要和条件选定，包括工期目标、费用目标和资源目标等。

网络计划的优化，按照其要求的不同有工期目标、费用目标和资源目标等。

2.3.1　工期优化

所谓工期优化，是指在满足既定约束条件下，按要求工期目标，通过延长或缩短网络计划初始方案的计算工期，以达到要求工期目标，保证按期完成任务。

当计算工期小于或等于要求工期时，一般不必进行工期优化。

当计算工期大于要求工期时，通过压缩关键工作的持续时间来满足要求工期。压缩关键工作持续时间的方法，有顺序法、加权平均法、选择法等。顺序法是按关键工作开工时间来确定需压缩的工作，先干的先压缩。加权平均法是按关键工作持续时间的百分比压缩。这两种方法虽然简单，但没有考虑压缩关键工作所需的资源是否有保证及相应费用增加幅度。选择法更接近实际需要。

在工期优化过程中要注意以下两点：

1）不能将关键工作压缩成非关键工作；在压缩过程中，会出现关键线路的变化（转移或增加条数），必须保证每一步的压缩都是有效的压缩。

2）在优化过程中如果出现多条关键线路时，必须考虑压缩公用的关键工作，或将各条关键线路上的关键工作都压缩同样的数值，否则，不能有效地将工期压缩。

工期优化的步骤：

1）找出网络计划中的关键工作和关键线路（如用标号法），并计算出计算工期。

2）按计划工期计算应压缩的时间 ΔT：

$$\Delta T = T_c - T_p \tag{2-33}$$

式中　T_c——网络计划的计算工期；

T_p——网络计划的计划工期。

3）选择被压缩的关键工作，在确定优先压缩的关键工作时，应考虑以下因素：

①缩短工作持续时间后，对质量和安全影响不大的关键工作。

②有充足资源的关键工作。

③缩短工作的持续时间所需增加的费用最少。

4）将优先压缩的关键工作压缩到最短的工作持续时间，并找出关键线路和计算出网络计划的工期；如果被压缩的工作变成了非关键工作，则应将其工作持续时间延长，使之仍然是关键工作，并重新计算网络计划的计算工期。

5）若已经达到工期要求，则优化完成。若计算工期仍超过计划工期，则按上述步骤依次压缩其他关键工作，直到满足工期要求或工期已不能再压缩为止。

6）当所有关键工作的工作持续时间均已经达到最短而工期仍不能满足要求时，应对计划的技术、组织方案进行调整，或对计划工期重新审订。

下面结合示例说明工期优化的计算：

例 2-11　已知网络计划如图 2-37 所示，箭线下方括号外为正常持续时间，括号内为最短工作历时，箭线上方为工作名称；假定计划工期为 100 天，根据实际情况和考虑被压缩工作选择的因素，缩短顺序依次为 B、C、D、E、G、H、I、A，试对该网络计划进行工期优化。

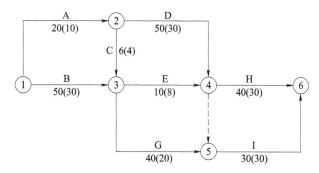

图 2-37　某双代号网络计划图

解　1）找出关键线路和计算计算工期，如图 2-38 所示。

关键线路：B → G → I，计算工期为 120 天。

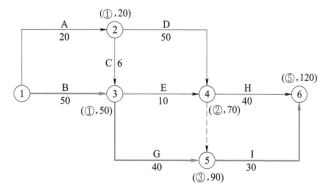

图 2-38　某双代号网络计划关键工作和关键线路

2）计算应缩短的工期：

$$\Delta T = T_c - T_p = （120-100）天 = 20 天$$

3）根据已知条件，将工作 B 压缩到极限工期，再重新计算网络计划和关键线路；
关键线路：A→D→H，计算工期为 110 天，如图 2-39 所示。

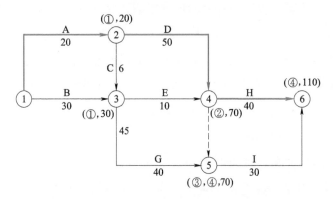

图 2-39　缩短工作 B 后的网络计划图

4）显然，关键线路已发生转移，关键工作 B 变为非关键工作，所以，只能将工作 B 压缩 10 天，使之仍然为关键工作；如图 2-40 所示。

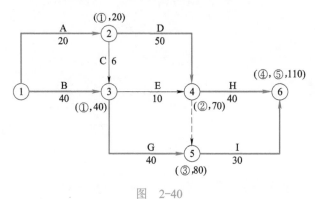

图　2-40

5）再根据压缩顺序，将工作 D、G 各压缩 10 天，使工期达到 100 天的要求，如图 2-41 所示。

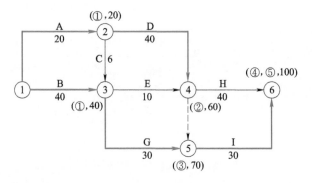

图 2-41　优化后的网络计划图

通过压缩，工期到达 100 天，满足要求工期规定。

2.3.2 费用优化

费用优化又称工期成本优化或时间成本优化，是指寻求工程总成本最低时的工期安排，或者按工期要求寻求最低成本计划安排过程。

工程网络计划一经确定（工期确定），其所包含的总费用也就确定下来。网络计划所涉及的总费用由直接费和间接费两部分组成。直接费由人工费、材料费和机械费组成，它随工期的缩短而增加；间接费属于管理费范畴，它随工期的缩短而减小。由于直接费随工期缩短而增加，间接费随工期缩短而减小，两者进行叠加，必有一个总费用最少的工期，这就是费用优化所要寻求的目标（图 2-42）。

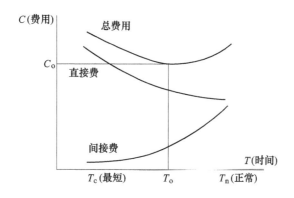

图 2-42　工期 - 费用关系示意图

费用优化的目的：一是求出工程最低费用（C_o）相对应的总工期（T_o），一般用在计划编制过程中；另一目的是求出在规定工期条件下最低费用，一般用在计划实施调整过程中。

费用优化的基本方法：就是不断地从工作的时间和费用关系中，找出能使工期缩短而又能使直接费增加最少的工作，缩短其持续时间，同时，再考虑间接费随工期缩短而减小的情况。把不同工期的直接费与间接费分别叠加，从而求出工程费用最低时相应的最优工期或工期指定时相应的最低工程费用。

按照上述基本方法，费用优化可按以下步骤进行：

1）按工作的正常持续时间确定关键线路、工期，算出工程总直接费。工程总直接费等于组成该工程的全部工作的直接费（正常情况）的总和。

2）算出直接费的费用率（赶工费用率）。直接费的费用率是指缩短工作每单位时间所需增加的直接费，工作 i-j 的直接费的费用率用 ΔC_{ij}^0 表示。直接费的费用率等于最短时间直接费与正常时间直接费所得之差除以正常工作历时减最短工作历时所得之差的商值，即

$$\Delta C_{ij}^0 = \frac{C_{ij}^c - C_{ij}^n}{D_{ij}^n - D_{ij}^c}$$

（2-34）

建筑工程施工组织设计

式中　D_{ij}^{n}——正常工作历时；

　　　D_{ij}^{c}——最短工作历时；

　　　C_{ij}^{n}——正常工作历时的直接费；

　　　C_{ij}^{c}——最短工作历时的直接费。

3）确定出间接费的费用率。工作 i–j 的间接费的费用率用 ΔC_{ij}^{k}，其值根据实际情况确定。

4）找出网络计划中的关键线路和计算出计算工期。

5）在网络计划中找出直接费的费用率（或组合费用率）最低的一项关键工作（或一组关键工作），作为压缩的对象。

6）压缩被选择的关键工作（或一组关键工作）的持续时间，其压缩值必须保证所在的关键线路仍然为关键线路，同时，压缩后的工作历时不能小于极限工作历时。

7）计算相应的费用增加值和总费用值（总费用必须是下降的），总费用值可按下式计算：

$$C_{t}^{0} = C_{t+\Delta T}^{0} + \Delta T\left(\Delta C_{ij}^{0} - \Delta C_{ij}^{k}\right) \qquad (2-35)$$

式中　C_{t}^{0}——将工期缩短到 t 时的总费用；

　　　$C_{t+\Delta T}^{0}$——工期缩短前的总费用；

　　　ΔT——工期缩短值。其余符号意义同前。

8）重复以上步骤，直至费用不再降低为止。

在优化过程中，当直接费的费用率（或组合费用率）小于间接费的费用率时，总费用呈下降趋势；当直接费的费用率（或组合费用率）大于间接费的费用率时，总费用呈上升趋势。所以，当直接费的费用率（或组合费用率）等于或略小于间接费的费用率时，总费用最低。

整个优化过程可通过下列优化过程表（表2-6）进行。

表 2-6

名称	缩短次数	被压缩工作	直接费的费用率（或组合费用率）	费用率差	缩短时间	缩短费用	总费用	工期
顺序	1	2	3	4	5	6	7	8

注：1. 费用率差＝直接费的费用率（或组合费用率）－间接费的费用率。

2. 压缩需用总费用＝费用率差×缩短时间。

3. 总费用＝上次压缩后费用＋本次压缩需用总费用。

4. 工期＝上次压缩后工期－本次缩短时间。

下面结合示例说明费用优化的计算步骤。

例 2-12　已知网络计划如图2-43所示，箭线上方括号外为正常直接费，括号内为最短时间直接费，箭线下方括号外为正常工作历时，括号内为最短工作历时。试对其进行费用优化。间接费的费用率为 0.120 千元/天。

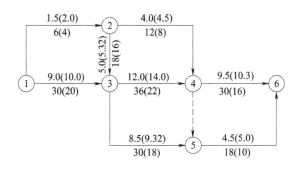

图 2-43 网络计划图

解 1）计算工程总直接费。

$$\sum C^0 = （1.5+9.0+5.0+4.0+12.0+8.5+9.5+4.5）千元 = 54.0 千元$$

2）计算各工作的直接费的费用率，见表 2-7。

表 2-7

工作代号	最短时间直接费 – 正常时间直接费 $C_{ij}^c - C_{ij}^n$ （千元）	正常历时 – 最短历时 $C_{ij}^n - C_{ij}^c$ （天）	直接费的费用率 ΔC_{ij}^0 （千元／天）
1—2	2.0–1.5	6–4	0.25
1—3	10.0–9.0	30–20	0.10
2—3	5.25–5.0	18–16	0.125
2—4	4.5–4.0	12–8	0.125
3—4	14.0–12.0	36–22	0.143
3—5	9.32–8.5	30–18	0.068
4—6	10.3–9.5	30–16	0.057
5—6	5.0–4.5	18–10	0.062

3）找出网络计划的关键线路和计算出计算工期。

关键线路是①→③→④→⑥，计算工期是 96 天（图 2-44）。

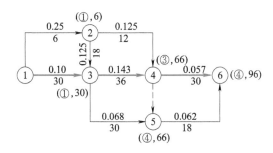

图 2-44 网络图的关键线路和工期

4）第一次压缩：

在关键线路①→③→④→⑥上，工作4—6的直接费的费用率最小，故将其压缩到最短历时16天，压缩后再用标号法找出关键线路为①→③→④→⑤→⑥，如图2-45所示。

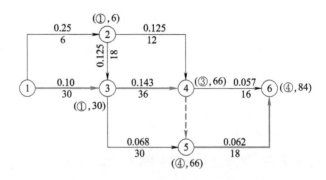

图 2-45

原关键工作4—6变为非关键工作，所以，通过试算，将工作4—6的工作历时延长到18天，工作4—6仍为关键工作，关键线路为①→③→④→⑥和①→③→④→⑤→⑥，如图2-46所示。

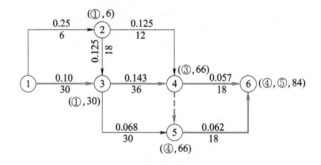

图 2-46

在第一次压缩中，压缩后的工期为84天，压缩工期12天。直接费的费用率为0.057千元/天，费用率差为（0.057-0.12）千元/天=-0.063千元/天（负值，总费用下降）。

第二次压缩：

方案1：压缩工作1—3，直接费的费用率为0.10千元/天；

方案2：压缩工作3—4，直接费的费用率为0.143千元/天；

方案3：同时压缩工作4—6和5—6，组合直接费的费用率为（0.057+0.062）千元/天=0.119千元/天；

故选择压缩工作1—3，将其也压缩到最短历时20天，如图2-47所示。

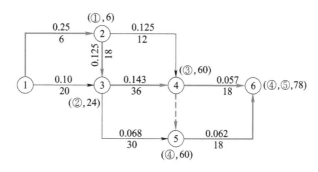

图 2-47

从图 2-47 中可以看出，工作 1—3 变为非关键工作。通过试算，将工作 1—3 压缩至 24 天，可使工作 1—3 仍为关键工作，如图 2-48 所示。

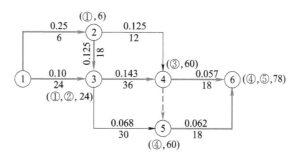

图 2-48

第二次压缩后，工期为 78 天，压缩了（84-78）天 =6 天，直接费的费用率为 0.10 千元 / 天，费用率差为（0.10-0.12）千元 / 天 =-0.02 千元 / 天（负值，总费用仍下降）。

第三次压缩：

方案 1：同时压缩工作 1—2、1—3，组合费用率为（0.10+0.25）千元 / 天 = 0.35 千元 / 天；

方案 2：同时压缩工作 1—3、2—3，组合费用率为（0.10+0.125）千元 / 天 = 0.225 千元 / 天；

方案 3：压缩工作 3—4，直接费的费用率为 0.143 千元 / 天；

方案 4：同时压缩工作 4—6、5—6，组合费用率为（0.057+0.062）千元 / 天 = 0.119 千元 / 天；

经比较，应采取方案 4，只能将它们压缩到两者最短历时的最大值，即 16 天，如图 2-49 所示。

至此，得到了费用最低的优化工期 76 天。因为如果继续压缩，只能选取方案 3，而方案 3 的直接费的费用率为 0.143 千元/天，大于间接费的费用率 0.120 千元/天，费用率差为正值，总费用上升。

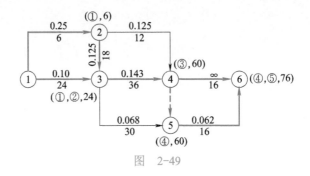

图 2-49

压缩后的总费用为

$$\sum C_t^0 = \sum \left\{ C_{t+\Delta T}^0 + \Delta T \left(\Delta C_{ij}^0 - \Delta C_{ij}^k \right) \right\}$$

$$= （54-0.063\times12-0.02\times6-0.001\times2）千元 =53.122 千元$$

汇总结果，见表 2-8。

表 2-8

缩短次数	被压缩工作	直接费的费用率（或组合费用率）（千元／天）	费用率差（千元/天）	缩短时间（天）	缩短费用（千元）	总费用（千元）	工期（天）
1	4—6	0.057	−0.063	12	−0.756	53.244	84
2	1—3	0.100	−0.020	6	−0.120	53.124	78
3	4—6 5—6	0.119	−0.001	2	−0.002	53.122	76

2.3.3 资源优化

资源是指为完成一项工程任务所需投入的人力、材料、机械设备和资金等的统称。资源优化是指通过改变工作的开始时间，使资源按时间的分布符合优化目标。

资源优化有两种情况：一是在资源供应有限制的条件下，寻求计划最短工期，简称"资源有限、工期最短"优化；另一种是在工期规定的条件下，力求资源消耗均衡，称为"工期固定、资源均衡"优化。

进行资源优化的前提条件是：

1）在优化过程中，不得改变原网络计划的逻辑关系。

2）在优化过程中，不得改变原网络计划各工作的持续时间。

3）网络计划中各工作每天的资源需要量是均衡而且是合理的。

4）除规定可中断的工作外，一般不允许中断工作，应保持其连续性。

1. 资源有限、工期最短优化

（1）资源分配原则

1）关键工作优先满足，按每日资源需要量大小，从大到小顺序供应资源。

2）非关键工作的资源供应按时差从大到小供应，同时考虑资源和工作是否中断。

（2）优化步骤

1）根据给定网络计划初始方案，计算各项工作时间参数，如 ES_{i-j}、EF_{i-j} 和 TF_{i-j}。

2）按照各项工作 ES_{i-j} 和 EF_{i-j} 数值，绘出 ES—EF 时标网络图，并标出各项工作的资源消耗量 γ_{i-j} 和持续时间 D_{i-j}。

3）在时标网络图的下方，绘出资源动态曲线，或以数字表示的每日资源消耗总量，用虚线标明资源供应量限额 R_t。

4）在资源动态曲线中，找到首先出现超过资源供应限额的资源高峰时段进行调整。

①在本时段内，按照资源分配和排队原则，对各工作的分配顺序进行排队并编号，即 1 到 n 号。

②按照编号顺序，依次将本时段内各工作的每日资源需要量 γ^k_{i-j} 累加，并逐次与资源供应限额进行比较，当累加到第 x 号工作首次出现时，则将第 x 至 n 号工作推迟到本时段末 t_b 开始，使 $R_k-R_t \leqslant 0$。

5）绘出工作推移后的时标网络图和资源需要量动态曲线，并重复第 4）步，直至所有时段均满足 $R_k-R_t \leqslant 0$ 为止。

6）绘制优化后的网络图。

下面结合示例说明费用优化的计算步骤。

例 2-13 某工程网络计划初始方案如图 2-50 所示。资源限定量 R_k=8 单位／天，假设各工作的资源相互通用，每项工作开始后就不得中断，试进行资源有限、工期最短优化。

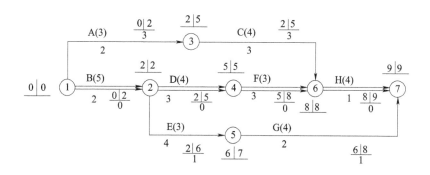

图 2-50 某工程网络计划初始方案

解 1）根据各项工作持续时间 D_{i-j}，计算网络时间参数 ES_{i-j}、EF_{i-j}、TF_{i-j}，如图 2-50 所示。

2）按照各项工作 ES_{i-j} 和 EF_{i-j} 数值，绘制 ES—EF 时标网络图，并在该图下方给出资源动态曲线，如图 2-51 所示。

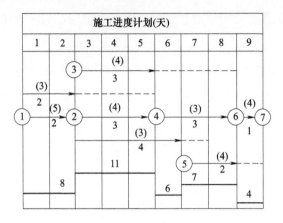

图 2-51   时间坐标网络图

3）绘出工作推移后的时标网络图和资源需要量动态曲线，如图 2-52 所示。

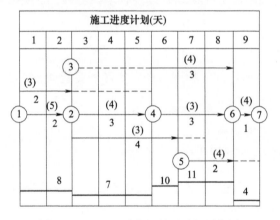

图 2-52   [2，5] 时段调整后时标网络图

4）从图 2-52 看出，第一个超过资源供应限额的资源高峰时段为 [5，6] 时段，需进行调整。

5）资源时段 [5，6] 调整。该时段内有 4—6、2—5、3—6 三项工作，根据资源分配规则，将其排序并分配资源，见表 2-9。

表 2-9   [5，6] 时段工作排序和资源分配

排序编号	工作名称	排序依据	资源重分配	
			γ_{i-j}	$R_k - \sum \gamma_{i-j}$
1	4—6	$TF_{4-6}=0$（关键线路上）	3	8-3=5
2	2—5	$TF_{2-5}=1$（本时段前开始已分资源，优先）	3	5-3=2
3	3—6	$TF_{3-6}=0$	4	推迟到第 7 天开始

6）给出工作推移后的时标网络图和资源需要量动态曲线，如图 2-53 所示。

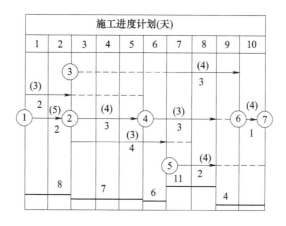

图 2-53 [5，6] 时段调整后时标网络图

7）从图 2-53 看出，第一个超过资源供应限额的资源高峰时段为 [6，8] 时段，需进行调整。

8）资源时段 [6，8] 调整。该时段内有 3—6、4—6、5—7 三项工作，根据资源分配规则，将其排序并分配资源，见表 2-10。

表 2-10 [6，8] 时段工作排序和资源分配

排序编号	工作名称	排序依据	资源重分配	
			γ_{i-j}	$R_k - \sum \gamma_{i-j}$
1	3—6	$TF_{3-6}=0$	4	8−4=4
2	4—6	$TF_{4-6}=1$	3	4−3=1
3	5—7	$TF_{5-7}=2$	4	推迟到第 9 天开始

9）绘出工作推移后的时标网络图和资源需要量动态曲线，如图 2-54 所示。

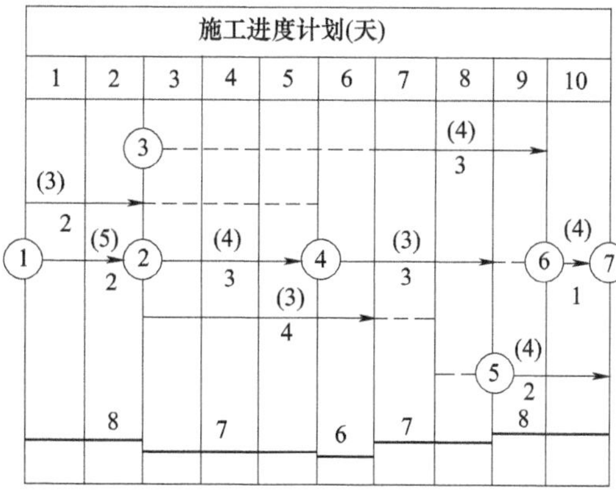

图　2-54

2. 工期固定、资源均衡的优化

工期固定、资源均衡的优化是指施工项目在合同工期或上级下达的工期内完成，寻求资源均衡的优化。

（1）优化的基本原理　对于一个建筑施工项目来说，设 $R(t)$ 为时间 t 所需要的资源量，T 为规定工期，$\overline{R}$ 为资源需要量的平均值，则方差 σ^2 为

$$\sigma^2 = \frac{1}{T}\int_0^T (R(t) - \overline{R})^2 \mathrm{d}t = \frac{1}{T}\int_0^T R^2(t)\,\mathrm{d}t - \frac{2\overline{R}}{T}\int_0^T R(t)\,\mathrm{d}t + \overline{R}^2$$

$$= \frac{1}{T}\int_0^T R^2(t)\,\mathrm{d}t - \overline{R}^2$$

1）由于 T 和 $\overline{R}$ 为常数，所以求 σ^2 的最小值，即相当于求 $\int_0^T R^2(t)\,\mathrm{d}t$ 的最小值。

2）由于建筑施工网络计划资源需要量曲线是一个阶梯形曲线，现假定第 i 天资源需要量为 R_i：

$$\int_0^T R^2(t)\,\mathrm{d}t = \sum_{i=1}^T R_i^2 = R_1^2 + R_2^2 + \cdots + R_T^2$$

$$\sigma^2 = \frac{1}{T}\sum_{i=1}^T R_i^2 - \overline{R}^2$$

要使方差最小，即要使得 $\sum_{i=1}^T R_i^2 = R_1^2 + R_2^2 + \cdots + R_T^2$ 最小。

（2）优化的步骤

1）根据网络计划初始方案，计算各项工作的 ES_{i-j}、EF_{i-j} 和 TF_{i-j}。

2）绘制 ES—EF 时标网络图，标出关键工作及其线路。

3）逐日计算网络计划的每天资源消耗量 R_i，列于时标网络图下方，形成"资源动态数列"。

4）由终点事件开始，从右至左依次选择非关键工作或局部线路，依次对其在总时差范围内逐日调整、判别，直至本次调整时不能再推移为止。

5）依次进行第二轮、第三轮……资源调整，直至最后一轮不能再调整为止。画出最后的时标网络图和资源动态数列。

复习思考题 //

1．简述流水施工的概念。

2．施工段数与施工过程数的关系是怎样的？

3．流水施工按节奏特征不同可分为哪几种方式，各有什么特点？

4．什么是网络图？什么是网络计划？

5．单代号与双代号网络图的区别是什么？

6．虚箭线在双代号网络图中起的作用是什么？

7．双代号网络图的时间参数有哪些？应如何计算？

8．网络计划的优点有哪些？

9．什么是总时差？什么是自由时差？两者有何区别？

10．什么是关键工作？什么是关键线路？

11．如何判断双代号网络计划和单代号网络计划的关键线路？

12．时标网络计划的特点是什么？

13．试简述工期优化、费用优化、资源优化的基本步骤。

习题 //

1．某工程由三个施工过程组成；它划分为六个施工段，各分项工程在各施工段上的流水节拍依次为：6 天、4 天和 2 天。为加快流水施工速度，试编制工期最短的流水施工方案。

2．某四幢同类型工程粉刷，按照 1 幢为 1 个施工段组织等节拍等步距流水。已知粉刷工程为 A，B，C，D，E 5 道工序。现设流水节拍为 4 个单位时间，求这个建筑群粉刷工程共需要多少个单位时间？用水平图表画出施工进度计划表。

3．某工程的流水施工参数为：$m=6$，$n=4$，D_i 见表 2-11。试组织流水施工方案。

表 2-11

施工过程编号	流水节拍（天）					
	①	②	③	④	⑤	⑥
I	4	3	2	3	2	3
II	2	4	3	2	3	4
III	3	3	2	2	3	3
IV	3	4	4	2	4	4

4．某粮库工程拟建三个结构形式与规模完全相同的粮库，施工过程主要包括：挖基槽、浇筑混凝土基础、墙板与屋面板吊装和防水。根据施工工艺要求，浇筑混凝土基础 1 周后才能进行墙板与屋面板吊装。各施工过程的流水节拍见表 2-12，试分别绘制组织四个专业工作队和增加相应专业工作队的流水施工进度计划。

表 2-12

施工过程	流水节拍（周）	施工过程	流水节拍（周）
挖基槽	2	吊装	6
浇基础	4	防水	2

5. 某工程由挖土方、做垫层、砌基础和回填土等四个分项工程组成；在砌基础和回填土工程之间，必须留有技术间歇时间 $Z=2$ 天；现划分为四个施工段。其流水节拍见表 2-13，试编制流水施工方案。

表 2-13

分项工程名称	持续时间（天）			
	①	②	③	④
挖土方	3	3	3	3
做垫层	4	2	4	3
砌基础	2	3	3	4
回填土	3	2	4	3

6. 某工程各工作间的逻辑关系见表 2-14，试绘制双代号网络图。

表 2-14

本工作	A	B	C	D	E	G	H
紧后工作	E	E、G	G、H	G、H	—	—	—

7. 利用工作时间计算法计算图 2-55 各工作的时间参数，确定关键线路和计算工期。

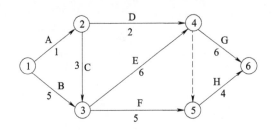

图 2-55　网络计划图

8. 根据下列活动之间的逻辑关系表（表 2-15），画出网络图，试计算 ES_i、LF_i、ST_{i-j}，在图上画出关键线路并写出总工期。

表 2-15

工作名称	A	D	B	G	C	H	E	F
作业时间	6	8	7	6	7	8	7	4
紧前活动	—	A	A	D	D	B、D	G	C、H

9. 已知某工程双代号网络计划如图 2-56 所示，图中箭线下方括号外数字为工作的正常持续时间，括号内数字为最短持续时间；箭线上方括号内数字为优选系数，该系数综合考虑质量、安全和费用增加情况而确定。选择关键工作压缩其持续时间时，应选择优选系数

最小的关键工作。若需要同时压缩多个关键工作的持续时间时，则它们的优选系数之和（组合优选系数）最小者应优先作为压缩对象。现假设要求工期为 15，试对其进行工期优化。

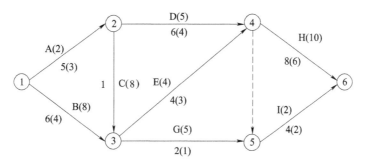

图 2-56 网络计划图

10. 已知某工程双代号网络计划如图 2-57 所示，图中箭线下方括号外数字为工作的正常时间，括号内数字为最短持续时间；箭线上方括号外数字为工作按正常持续时间完成时所需的直接费，括号内数字为工作按最短持续时间完成时所需的直接费。该工程的间接费的费用率为 0.8 万元 / 天，试对其进行费用优化。

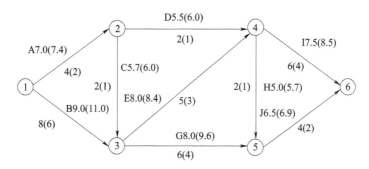

图 2-57 网络计划图

第3章
施工方案的编制

1. 掌握工程施工方案编制的内容;
2. 掌握土石方开挖工程施工方案的编制;
3. 掌握基坑降水、支护工程施工方案的编制;
4. 掌握模板支撑体系工程施工方案的编制;
5. 掌握脚手架工程施工方案的编制。

1. 能够明确工程施工方案编制的内容;
2. 能够编制简单土石方开挖工程施工方案;
3. 能够编制简单基坑降水、支护工程施工方案;
4. 能够编制简单模板支撑体系工程施工方案;
5. 能够编制简单脚手架工程施工方案。

3.1 土石方开挖工程施工方案的编制

3.1.1 工程概况

本工程为西宁市万方城西御品高层综合商住楼（酒店、写字楼）及裙楼项目，建筑面积为194104.77m²，建筑高度为101.1m。

本工程结构形式为框架剪力墙结构，建筑设计使用年限为50年，抗震设防烈度为七度。本工程为一类高层建筑，地下防水等级为二级。

土方开挖特点：

1）本工程基础置于复合地基上，其地基承载力特征值f_{ak}=250kPa。

2）本工程场地属湿陷性黄土场地。

3）本工程基础采用平板式筏形基础，持力层为卵石层。

3.1.2 编制依据

1. 施工图和地勘报告

1）设计施工图。

2）地勘报告提供的参数。

3）现场其他实际情况。

2. 规范、规程

1）《建筑工程施工质量验收统一标准》（GB 50300—2013）。

2）《建筑地基基础工程施工质量验收标准》（GB 50202—2018）。

3）《建筑基坑支护技术规程》（JGJ 120—2012）。

4）《建筑边坡工程技术规范》（GB 50330—2013）。

5）《混凝土结构工程施工质量验收规范》（GB 50204—2015）。

3.1.3 土方开挖施工准备

1. 施工前的技术准备

1）落实项目部人选，组建强有力的项目经理部。

2）施工前详细研究勘察报告，向建设方索取基坑及基坑周边建筑物、构筑物、管线、道路的详细资料，并办理签字手续。特别注意降水井、护坡桩位及土钉所占有的空间与基坑周边地下管线或建筑物基础的关系，避免发生事故。在基坑开挖之前，场内所有的红线桩及建筑物的定位桩全部经市规划部门测量核准，必须查明基槽周围地下市政管网设施和相邻建筑物的相关距离。

3）复测控制桩并制定测量方案。

4）平整场地：设备进场前进行场地道路、料场、井点及排桩部位场地平整、压实，以便于钻机车架在场地内移动，钻机能平稳、安全地进行成孔。

5）基坑开挖前根据施工图勘察报告提供的参数进行放坡。确定基坑开挖放坡坡度，按 1:0.3 放好边坡。

6）施工现场的夜间施工必须有足够的照明，通过钢管架子架高，架子高度不低于2.5m，按要求安装照明灯具。

2. 施工机具、材料准备

本工程土方开挖采用机械挖装，自卸汽车外运，采用挖掘机 1 台，自卸汽车 10 辆。

3.1.4 施工方法

1. 土质情况

根据岩土工程勘察咨询公司提供的《岩土工程勘察报告》，拟建场地地基土由第四系：

①层杂填土（Q_4^{ml}）、②层黄土状土（$Q_4^{2\,al}$）（湿陷性）、③层卵石（$Q_4^{2\,al+pl}$），第三系：④层强风化泥岩（E）及⑤层中等风化泥岩（E）组成。地基土岩性特征自上而下分述如下：

①层杂填土：杂色，以大量的水泥块、砖块、卵砾石、炉渣、塑料袋等建筑垃圾和生活垃圾为主，其次为黏性土，土质不均匀、欠固结、松散，稍湿；层厚 0.30～3.90m，平均厚度为 1.78m。

②层黄土状土（湿陷性）：棕红色～土黄色，上部以黏性土为主，含有少量星点状黑色黏性物质，稍有光泽反应，无摇振反应，干强度中等，韧性中等，具针状孔隙，土质较均匀，稍湿，稍密，属中等压缩性土。该层在 76#、80#、94# 勘探点中缺失；厚度 1.00～3.80m，平均厚度 2.28m；具Ⅰ级（轻微）非自重湿陷性。

③层卵石：杂色，粒径大于 20mm 的颗粒质量占总质量的 50.5%～58.5%，一般粒径为 20～60mm，最大可见粒径 80mm，母岩成分以石英变质岩为主；骨架颗粒间主要由砾石和各级砂类充填；磨圆度较好，呈亚圆形，分选性较差，颗粒级配良好；根据野外鉴别判定其密实度为稍密；结合原位测试根据修正后的超重型圆锥动力触探试验锤击数，综合确定卵石层的密实度为稍密；偶见漂石；埋藏深度 2.90～4.60m，层顶高程 2244.98～2247.06m，层底高程 2232.73～2234.46m，层厚 11.3～13.60m，平均厚度为 12.24m。

④层强风化泥岩：红褐色，可塑，结构构造大部分被破坏，矿物成分显著变化，节理裂隙很发育，岩体极破碎，遇水易软化，易崩解，风干后呈碎石状，无膨胀性；埋藏深度 15.00～17.10m，层顶高程 2232.73～2234.46m，层底高程 2231.33～2233.23m。层厚 0.70～1.70m，平均厚度 1.25m。

⑤层中等风化泥岩：棕红色～灰绿色；属沉积形成的黏土岩，泥质结构，层状构造，结构部分破坏，风化裂隙发育，岩体被切割成岩块，遇水易软化、崩解；该岩石属软质岩，岩体完整程度属较破碎，岩体质量等级为Ⅴ级；最大控制厚度 14.30m；根据勘探点揭露，该层在 18.50～22m 之间含石膏，石膏为乳白色～灰白色，湿，石膏含量约占总质量的 15%；该层未穿透，最大揭露厚度 14.3m。

2. 施工方法

施工顺序：场地平整→场地清理→放线定位→标高及定位十字轴线→持力层进行全面检查验收→清理虚土→浇筑垫层→浇灌混凝土。

本工程采用土钉墙支护，表面钢筋网片喷浆护壁。

3.1.5 土方开挖工期

土方开挖工期：自 2016 年 4 月 7 日开工至 2016 年 5 月 4 日完工。

3.1.6 土方开挖顺序

1）开挖土方方向。根据实际地形采取由南向北、由北向南分台阶接力后退的方法开挖外运。

2）本工程土方开挖几个阶段。考虑基坑支护的施工及其他不可预见因素影响。

第一阶段挖土：从自然地面按 2m 逐层挖至离基底 500mm 处（以机械为主）。

第二阶段挖土：人工开挖基底剩余的 500mm 层。此段挖土将针对坑底不同标高区域控制相应的挖土深度和标高。

3）本工程土方开挖与土钉墙施工交叉作业，自上而下分层、分段进行，分段长度根据土质及土钉流水作业安排，分层高度：第一层为自地表至第一排土钉下 50cm 左右，以后各层高度为土钉竖向间距，最后一层高度为倒数第二排土钉下 50cm 至基坑底面。在未完成上层作业面的各项操作前，不能进行下一层深度的开挖，不随意将两层土钉合并在一起施工。

3.1.7 主要技术措施

1. 土方开挖质量保证措施

1）土方开挖与基坑支护施工同时进行，现场安排为流水施工作业，允许在距离四周边坡 8～10m 的基坑中部自由开挖，与分层作业区的开挖相协调。

2）土方开挖施工中，严防边壁出现超挖或边壁土体松动。机械开挖将与人工清坡相结合，保证边坡平整、坡度符合要求、表面无虚土。

3）基坑周边 5m 范围内不宜堆放土方、建筑材料。重型机械不宜在坑边作业，土方运输车辆尽量不沿坑边行驶，如不可避免应进行核算，对重型机械可考虑设置专门平台或深基础等。

2. 土方开挖安全措施

1）开工前要做好各级技术、安全交底工作，施工技术人员、测量人员要熟悉图样，掌握现场测量桩及水准点的位置尺寸，同现场施工员办理验桩、验线手续。

2）开挖边坡土方，严禁切割坡脚，以防导致边坡失稳。

3）机械行驶道路应平整、坚实。

4）机械挖土区域，禁止无关人员进入场地内。挖掘机工作回转半径范围内不准站人或进行其他作业。挖掘时，装载机卸土应待整机停稳后进行。

5）挖掘机操作和汽车装土行驶要听从现场指挥，所有车辆必须严格按规定的路线行驶，防止撞车。

6）基坑四周必须设置 1.5m 高的防护护栏，并在西北角设置临时上下楼梯。

7）施工前要认真研究分析整个施工区域和施工场地内的工程地质和水文资料、临近建筑物或构筑物的质量和分布状况、挖土和弃土要求、施工环境及气候条件等。

8）施工前对参与本分项工程施工的全体人员进行安全宣传教育，组织职工学习《安全生产操作规程》，并要求职工在生产中严格遵守。

9）夜间施工时，应合理安排施工项目，防止挖方超过或铺填超厚。施工现场应根据需要设置照明装置，在危险地段应设置红灯警示。

10）用挖土机施工时，挖土机的工作范围内不得有人进行其他作业，多台机械开挖，挖土机间距应大于10m，挖土应自上而下、逐层进行，严禁先挖坡脚的危险作业。

11）基坑周边应设防护栏杆/板，人员上下要有专用爬梯，并悬挂安全警示牌。

12）运土道路的坡度、转弯半径要符合有关安全规定。

13）各项机械设备必须挂安全生产操作牌、安全警示牌。

14）特殊工种要持证上岗。

15）站在基坑边坡施工人员严禁互相嬉闹，同时要注意上下工作面人与人之间的安全性。

16）开挖过程中如发现滑坡现象（如裂缝、滑动等）时，应暂停施工，必要时，所有人员和机械要撤至安全地点，并采取措施及时处理。

3. 雨季基坑排泄水措施

本工程开挖处于雨季，因此制定雨期施工安全措施。

雨期施工的危险因素较多，针对这些实际情况，项目根据工程设计要求，开挖及施工基础时可考虑地下水的影响，对地表水及雨水的影响采取了降水井排水措施，为了避免雨季地表水及雨水对基础施工的影响，排水措施包括地表排水、支护结构内排水以及基坑内排水。

1）基坑上部排水沟距基坑大于2m，基坑上口翻边不少于1m，并尽量与原防水地面相接，水平护顶与自然地面齐平。

2）面层混凝土喷射前，根据边坡情况酌情设置排水孔，排水孔采用ϕ50mmPVC管。

3）基坑开挖需确保基底干燥，基坑底部及四周设置排水沟和积水坑。

4. 安全管理及防护技术措施

因本工程建筑面积较大，工地设专职安全员，全面负责安全生产及各种安全教育活动，由项目部组织有关部门对现场进行经常检查，发现隐患及时组织人员整改，保证无重大事故。

1）场内按各阶段施工情况在进出口和危险区挂宣传画、色标、标牌及标语，各种防护部位防护到位。各种标牌应挂齐，并挂在醒目的位置处。

2）基坑的防护。

①土方开挖要探明地下管网，防止发生意外事故。

②在距坑边1m周围用ϕ48mm钢管设置防护栏。基坑上口边3m范围内不许堆土、堆料和停放机具。在土钉墙支护上口5m范围内不许重车停留。各施工人员严禁翻越护身栏杆。基坑施工期间设警示牌，夜间加设红色标志。

3）基坑外施工人员不得向基坑内乱扔杂物，向基坑内传递工具时要接稳后再松手。

4）坑下人员休息远离基坑边及放坡处，以防不慎。

5）施工机械一切服从指挥，人员尽量远离施工机械，如有必要，先通知操作人员，待回应后方可接近。

6）施工的现场道路为混凝土地面，保持畅通，禁止堆放材料、设备。

7）施工现场内严禁大小便。有意违反，加重处罚。施工人员要节约用水，消灭长流水、长明灯现象。

8）施工现场的用电线路，用电设施的安装和使用必须按照施工组织设计进行架设，严禁任意拉线接电。进行电、气焊作业必须由合格的电工、焊工等专业技术人员操作。

9）施工现场的各类机械必须按照施工现场管理平面布置图规定的位置停放整齐，定期进行保养，对各种机械操作人员建立岗位责任制，做到持证上岗，严禁无证操作。

5. 安全、文明施工措施

（1）环境保护措施　针对该工程所处的位置特点，结合管理手册、程序文件规定，成立以项目经理为首的环保工作领导小组，建立施工现场环保自我保证体系，做到责任落实到人。对现场生产的噪声、扬尘等污染采取以下措施，以减轻各种污染及噪声扰民。

1）土方由合格的运输单位施工，在现场出入口设专人清扫车轮，并拍实车上土或严密覆盖，运载工程土方最高点不超过车辆槽帮上沿 50cm，边缘不高于车辆槽帮上沿 10cm，装载建筑渣土或其他散装材料不超过槽帮上沿，禁止沿途遗洒。

2）对施工道路采取混凝土硬化处理，出入口处硬化路面不小于出口宽度，在出口处设置冲洗车轮的装置，并设专人负责。

3）在大门出口处设一根洒水临时管，并设置一名洒水员，配齐洒水设备，根据现场情况对现场及时进行洒水，清扫，防止扬尘。

（2）现场环境卫生管理

1）施工现场要设专人负责整理，保持现场整洁卫生。做到现场无积水，车辆不带泥沙出现场。每天派人洒水清扫施工道路，绿化、美化施工现场。

2）指定专人每天清理生活区、办公区，保证生活区、办公区的清洁卫生，做到无积水、无污物。

（3）防止扰民措施　合理安排施工工序，尽量将噪声污染严重的安排在白天。

3.1.8　预防坍塌事故的应急措施

为将安全事故的损失降到最低程度，保护公司及职工的生命财产安全，本着"预防为主，自救为主，统一指挥，分工负责"的原则，制定项目部安全事故的应急预案。

1）按照我国伤亡事故报告的要求，发生事故以后，项目部应迅速向公司报告，并立即组织抢救，及时保护现场（需抢救伤员和防止事故扩大而需要移动现场物件时，必须做出标志，拍照记录和绘制事故现场图），四小时内把事故经过逐级上报，如情况紧急或特殊施工点，可直接向企业领导和政府主管部门汇报以便及时落实抢救措施，并且要全力配合有关部门了解事故情况，提供有关资料和情况，接受检查。

2）一旦发生事故，如基坑、支模架坍塌，物体打击，项目部应不惜一切代价尽力抢救伤员，并迅速向分公司报告。必要时请求相邻可依托力量援助。领导小组派专人联络、引导并告知安全注意事项。

3）对全工地进行安全防护的全面检查、整改、消除事故隐患后，方可复工。

4）现场抢救时要注意方式、方法，防止在危害因素未排除时盲目抢救，以免造成他人伤害。

5）现场发生事故后，还应特别注意稳定职工情绪，对全体职工进行防范教育。

6）认真执行国务院《企业职工伤亡事故报告和处理规定》，做好伤亡事故调查和处理工作，严格执行"四不放过"的原则。

3.2 基坑降水、支护工程施工方案编制

3.2.1 工程概况

本工程位于开封市，为基坑支护和降水工程。由开封市行政办公、宋城路营业厅、档案库房、职工食堂、地下车库等组成。总用地面积 14152m²，建筑总面积 26068m²，其中地下建筑面积 2121m²，地上 23947m²。地下一层，地上十九层，建筑总高度 82.6m。主楼框架剪力墙结构、裙房框架结构；建筑抗震设防类别：丙类；抗震设防烈度：八度。

底板埋深 −5.4m，其中电梯深坑较深为 −9.6m，底板厚 2.3m，局部达到 4.6m。

3.2.2 工程及水文地质条件

根据河南水文勘测研究院提供的《开封市行政楼岩土工程勘察报告》，拟建场地各地基土层自上而下的土层分布情况见表 3-1。

表 3-1 土层分布情况

土层层号	土层名称	层厚 /m	层底标高 /m	土层描述
1	杂填土	0.7 ~ 4.6	22.11 ~ 26.43	碎砖、碎石等建筑垃圾
2	粉土	0.7 ~ 2.4	23.53 ~ 25.23	灰黄色，稍湿，局部青灰色，稍密~中密状，中压缩性，局部夹棕红色薄层黏性土
3	黏土	2.1 ~ 6.2	17.71 ~ 22.50	灰黄色，可塑，局部软塑，中高压缩性，局部夹灰黄色薄层黏性土
4	粉土	0.7 ~ 4.6	22.10 ~ 26.43	上部灰黄色，下部浅灰色，湿，中密~密实，中压缩性，局部夹浅灰色薄层

该场地地下水位埋深在 4.8 ~ 9.0m，初见水位标高在 17.81 ~ 22.31m，稳定水位标高

为 22.61～22.72m。根据项目东侧保利小区正在实施的基坑土方开挖现场察看，土方挖深5.8m，未见地下水，与《开封市行政楼岩土工程勘察报告》相符。

3.2.3 施工工艺流程

一级放坡土方开挖并修整→喷射素混凝土→钢筋网绑扎→喷射混凝土→轻型井点降水→二级放坡土方开挖并修整留出马道或平台→喷射素混凝土→绑扎钢筋网→喷射混凝土。

3.2.4 基坑降水、支护方案设计依据及原则

1．方案设计依据

1）开封市行政楼工程施工图。

2）开封市行政楼工程岩土工程勘察报告。

3）《建筑地基处理技术规范》（JGJ 79—2012）。

4）《建筑与市政工程地下水控制技术规范》（JGJ 111—2016）。

5）《建筑基坑支护技术规程》（JGJ 120—2012）。

6）《混凝土结构工程施工质量验收规范》（GB 50204—2015）。

7）《建筑基坑工程监测技术规范》（GB 50497—2009）。

8）适用于本工程的国家其他现行规范、规程等。

2．方案设计原则

为防止地基的开挖出现事故问题，确保周边的安全，结合该工程地质现场勘察的地质情况，遵循安全可靠、技术可行、经济合理、节约工期的原则，该工程土方开挖时，拟全部采用钢板网混凝土支护技术对基坑边坡进行支护加固处理。

根据河南水文勘测勘察院《开封市行政楼岩土工程勘察报告》及邻近项目现场施工情况，地下水位对地下室土方开挖影响不大，仅需考虑对电梯井处深基坑处设置轻型井点进行轻型井点降水，以保证后续施工的正常进行及安全施工。

3.2.5 基坑降水方案的设计

1．基坑降水方案总体技术思路

场地内对电梯深坑施工有影响的地下水为潜水，其静止水位标高为 17.81～22.31m，埋深 4.8～9.0m。水位降深至垫层以下 0.5m，即 −10.10m 处（即挖深 9.60m）。

根据该场地地下水埋藏条件、基坑开挖深度以及场地附近地区已有的降水经验，拟采用轻型井点降水方案降低地下水位，从而既能满足基础施工对降水的要求又能满足节约成本的要求。开挖到 −5.40m 时，开始对深基坑降水。

2．轻型井点的计算

1）轻型井点降水涌水量

$$Q=1.366K（2H-S）S/（\lg R-\lg X_0）=380\text{m}^3/\text{d}$$

2）单井井点涌水量 q（m^3/d）常按无压完整井计算

$$q=Q=1.366K（2H-S）S/（\lg R-\lg r）=20.9\text{m}^3/\text{d}$$

式中 K——土的渗透系数（m/d）；

H——含水层厚度（m）；

S——水的降低值（m）；

R——抽水影响半径（m），由现场抽水试验确定，也可用 $R=1.95S\sqrt{HK}$ 计算；

r——井点的半径（m）；

X_0——基坑的假想半径（m），当矩形基坑长宽比小于 5 时，可化成假想半径 X_0 的圆形井，按下式计算：

$$X_0=\sqrt{F}/\pi$$

F——基坑井点管所包围的平面面积（m^2）；

π——圆周率，取 3.1416。

3）总长

$$S_1=（16.6×2+11×2）\text{m}=55.2\text{m}$$

4）管点数

$$n_1=S_1/l=55.2/1.2\text{ 根}≈46\text{ 根}$$

如果在进行底板施工期间拔除井点管，易引起基底流砂现象。因此，为保证施工安全，在进行底板施工时需将轻型井点管及总管全部埋入底板中，然后通过一根钢管焊接在总管上将水抽出，直至土方回填完成。其节点详图如图 3-1 所示。

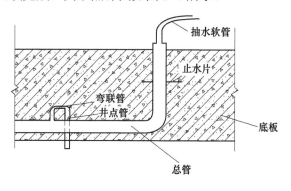

图 3-1　节点详图

3. 方案实施

（1）施工准备　降水设备的管道、部件和附件等，在组装前必须经过检查和清洗。滤管在运输、装卸和堆放时应防止损坏滤网。离心泵、电动机、射流泵在组装前经过检修和测试，满足施工要求后方可进行组装。电梯深坑处轻型井点敷设所需材料、主要设备见表 3-2。

建筑工程施工组织设计

表 3-2 电梯深坑处轻型井点敷设所需材料、主要设备

序号	材料、设备名称	数量	单位
1	PC100挖机	1	台
2	轻型井点井点管、弯联管	90	根
3	总管	58	m
4	抽水软管	80	m
5	电动机	3	台
6	离心泵	3	台
7	水箱	3	台
8	砂	3	t
9	配电箱	2	台

本工程中所用井管采用定尺形式，故只需进行井点放线、井点钻孔、下井管、加砂、抽水等工作，具体人员组织见表 3-3。

表 3-3 具体人员组织

工种	人数	工作内容
项目经理	1	井点现场总负责
项目工程师	1	负责项目技术、质量
测量人员	1	负责监测井点放线工作
挖机司机	1	驾驶挖机进行井点钻孔
挖机指挥人员	1	指挥挖机作业
机修工	1	组装井点管
电工	1	水泵接电、钻机用电布线
工人	10	

（2）井点系统的安装及施工

1）工艺原理。轻型井点降水就是在位于地下水位以下的基坑开挖前，于基坑四周的土层中成孔埋入带有滤管的井点支管，并在支管四周填砂，然后通过水平集水总管，将所有井点支管和置于地面的抽水机组连通。这样，地下水就被抽水机组抽至地面而排出。

本工程中轻型井点主要采用挖掘机挖斗捆绑钢管压入土层的形式进行井点打孔，再采用水冲法埋设井点。

2）工艺流程，如图 3-2 所示。

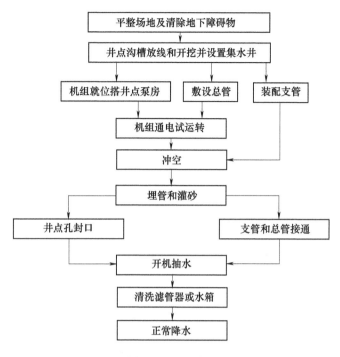

图 3-2　工艺流程

3）注意事项。

①冲孔因顺排泥沟坡度方向进行，冲孔采用水冲法，水压力控制在 250 ～ 500kPa，井孔应垂直，孔径上下一致。

②水冲孔完毕后应立即拔出冲管，插入井点管，并填满砂滤层，以防孔壁塌土，在填灌砂滤料前应把空孔内泥浆稀释，待含泥量小于 5% 时才可灌砂，井管放入井孔后不得上下抽动，井孔淤塞时严禁将井管插入土中。

③在第一组井点系统全部安装完毕后，须进行试抽，以检查有无漏气现象。开始抽水后，应连续抽水。时抽时停，滤网容易堵塞，也容易将土粒抽出。出水规律是"先大后小、先混后清"。

④在降水过程中，应调节离心泵的出水阀以控制出水量，使抽吸排水保持均匀，并经常检查井点管有无淤塞。按时观测流量、真空度和检查观测井中水位降落情况，并作好记录。由于漏气而造成的真空损失应小于 0.003 ～ 0.005MPa。

（3）系统的拆除及处理　由于在进行底板施工时，井点管、抽水总管、弯管均全部埋入底板中，故在拆除时，需先停止抽水，然后拆除水泵及动力装置等。拆除后，对埋在底板中的接出底板面的总管作如下处理：

拔掉连接在总管上的抽水软管→沿总管一圈约 5cm 凿除混凝土厚度 5cm →使用乙炔沿凿除根部割掉钢管→向钢管里注入与底板同等强度的素混凝土→用圆钢盖板焊接封住总管口→用素混凝土填平凿除部分。

4. 施工组织管理机构

（1）施工管理组织机构　施工管理组织机构如图3-3所示。

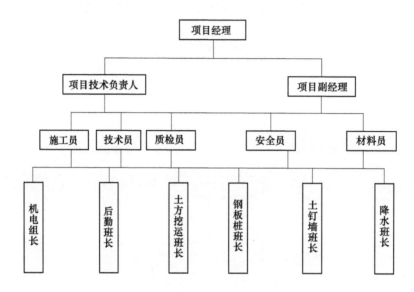

图 3-3　施工管理组织机构

（2）质量管理组织机构　质量管理组织机构如图3-4所示。

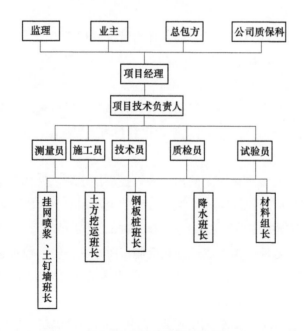

图 3-4　质量管理组织机构

（3）安全管理组织机构　安全管理组织机构如图3-5所示。

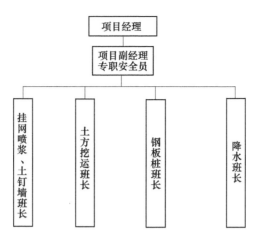

图 3-5 安全管理组织机构

5. 主要技术保障措施

（1）质量保证措施

1）质量标准：

①井管埋设时，黄砂应灌至地面下 1m 左右，每孔黄砂的灌填量应不小于计算值的 95%。

②填砂时井管口有泥浆水冒出。

③合格井管应达 90% 以上。

2）具体措施：

①井点管路安装必须严密。

②抽水机组安装前必须全面保养，空运转时真空度应大于 60kPa。

③轻型井点系统应按一定程序施工，通常是：

a. 挖井点沟槽，敷设集水总管。为充分利用泵的抽水能力，集水总管标高要尽量接近地下水位，并宜沿抽水水流方向有 0.25% ～ 0.50% 的上仰坡度。

b. 冲井点孔。冲孔时冲管应垂直插入土中，井孔冲成后，要立即拔出冲管，插入井点管，立即在井点管与孔壁之间迅速填灌砂滤层，防止孔壁塌土，砂滤层宜选用干净的 0.4 ～ 0.6mm 的中粗砂，灌填要均匀，砂滤层的灌填质量是保证井点管顺利插入的关键。滤料填至地面以下 1.0 ～ 2.0m，上面用黏土封口，以防漏气。井点管插好后与集水总管相连接。

c. 安装抽水机组，并同集水总管相连接。

d. 进行试抽和洗井，检查合格后交付使用。

④轻型井点系统的全部管路，在安装的均应将管内铁锈、淤泥等杂物除净。井点滤管在运输、装卸和堆放时，应防止滤网损坏；下入井点孔前，必须对滤管逐根检查，检查标准为：过滤管长 1.2 ～ 2.0m，孔隙率 15%，外包 1 ～ 2 层 60 ～ 80 目尼龙网或铜丝网。井点冲孔深度应比滤管底端深 0.5m 以上，冲孔直径应不小于 0.3m。单根井点埋设后要检查它的渗水能力。

⑤一套井点埋设后要及时试抽洗井，全面检查管路接头安装质量、井点出水状况和抽

水机组运转情况，发现漏气和"死井"等问题，应立即处理。

⑥下井点管前必须严格检查滤网，发现破损或包扎不严密，应及时修补。

⑦井点滤网和砂滤料应根据土质条件选用。当土层为砂质粉土或粉砂时，一般可选用100目的滤网，砂滤料可选中粗砂。

⑧在水源补给较多的一侧，加密井点间距，在基坑开挖期间禁止邻近边坡挖沟积水。

（2）安全文明施工

1）降水施工必须严格按照方案设计的程序进行，每设置一套轻型井点后认真检查出水情况，若发现真空度失常等情况时，要及时按照方案进行处理。

2）坑边附近地面避免堆料超载，并尽量避免机械振动过剧。

3）进坑的动力及照明电缆、电线应严格根据施工方案的要求进行布置，并在支撑和坑壁上有可靠的固定。

4）深坑作业时须准备抢救用的材料、机具和人员，在整个施工过程中必须有人值班，以防万一。一旦深基坑进水或出现突发情况，要有应急的物质准备。

5）各类机械操作工人、特殊工种人员必须持证上岗，并严格按照操作规程操作，各类机械操作人员严禁酒后作业和带病作业。

6）埋设井点管过程中产生的污水要及时抽出，每个深坑可采用一台污水泵抽取。

6. 降水过程中特殊情况的处理及预防

（1）轻型井点真空度失常预防及处理

1）现象：

①真空度很小，真空表指针剧烈抖动，抽水量很少。

②真空度异常大，但抽不出水。

③地下水位降不下去，基坑边坡失稳，有流砂现象。

2）原因分析：

①井点设备安装不严密，管路系统大量漏气。

②抽水机组零部件磨损或发生故障。

③井点滤网、滤管、集水总管和滤清器被泥砂淤塞，或砂滤层含泥量过大等，以致抽水机组上的真空表指针读数异常大，但抽不出地下水。

3）处理方法：

①真空度失常而又一时不易辨别出现问题的具体部位时，可先将集水总管和抽水机组之间的阀门关闭。如果真空度仍然很小，属于抽水机组故障；如果真空度由小突然变大，属于抽水机组以外的管路漏气。

②集水总管漏气可根据漏气声音逐段检查，在漏气点根据情况或拧紧螺栓，或用白漆加麻丝嵌堵缝隙或管子丝扣漏气部位。

③井点管因淤塞而抽不出水的检查方法有：手摸井点管，冬天不暖，夏天不凉；井管顶端弯头不呈现潮湿；用短钢管一端触在井点管弯头上，另一端俯耳细听，无流水声；通过透明的塑料弯联管察看，不见有水流动；向井点内灌水，水不下渗。基坑未开挖前可用高压水冲洗井点滤管内淤泥砂，必要时拔出井点，洗净井点滤管后重新水冲下沉。

（2）轻型井点水质浑浊

1）现象：

①抽出的水始终不清，水中含砂量较大。

②深坑附近地表沉降较大。

2）原因分析：

①井点滤网破损。

②井点滤网孔径和砂滤料粒径太大，失去过滤作用，土层中的大量泥砂随地下水被抽出。

③滤层厚度不足，主要是因为施工质量不好引起，如井孔缩颈、倾斜、弯曲不直，井点管在孔内不居中，造成滤层不连续、厚薄不均匀和局部偏薄等。

3）处理方法。始终抽出水质浑浊的井点，必须停止使用，重新更换滤网。水冲洗井点滤管内淤泥砂，必要时拔出井点，洗净井点滤管后重新水冲下沉。

3.2.6 边坡支护方案的设计

1. 护坡形式

工程场地基坑开挖周边环境比较简单，四周 20m 范围内无地面建筑物、地下管线、道路等。地下室土方挖深 5.4m，局部达到 9.6m，采用二级放坡；第一步按 1:1 放坡，第二步采用 1:0.5 放坡。采用土钉钢筋网（φ6.5@200×200）加喷射混凝土支护对基坑边坡进行加固处理。因第一步放坡较大加之土钉支护，第二步坡度较小，同时，根据地质勘查报告，挖到 -5.5m 时未见地下水，所以只对第二步边坡进行验算。

2. 基坑支护施工

（1）工艺流程　工艺流程如图 3-6 所示。

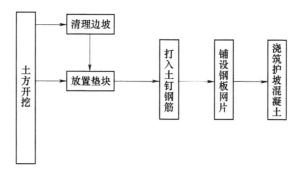

图 3-6　工艺流程

（2）施工方法　基础定位放线、降水完成后，依据场地的交通条件，确定基坑开挖时的出土口位置在东侧，做好地面排水系统。基坑开挖支护的施工顺序为：

1）开挖修坡：土方开挖必须与土钉施工密切配合，分层、分段进行，分层高度不能大于每层土钉的垂直距离，严禁超挖。否则会造成基坑的局部破坏，对开挖后的边坡段，用人工及时修整，清除面上的杂物，以便于后面的施工。

2）设置土钉：土钉为 Φ16HRB335 级钢筋，长度为 1.0m，钉入边坡留出 100mm，土钉按双向 @1500mm 呈梅花状布置。一级坡面为四排，二级坡面为三排。

3）喷射底层素混凝土：土钉钉好后立即喷射素混凝土。素混凝土设计强度为 C20，喷射厚度共 2cm。其配比为水泥：砂：碎石：水 ＝ 1:2:2:0.5，碎石最大粒径应小于 15mm，喷射压力 0.3 ～ 0.4MPa。水泥采用 32.5 级普通硅酸盐水泥，砂为中粗黄砂，空压机风量不小于 9m³/h，喷头水压不小于 0.15MPa。

4）绑扎钢筋网：边坡喷射素混凝土后进行钢筋网绑扎。钢筋网采用 Φ6.5HPB300 级钢筋，双向，间距 200mm×200mm，方格网片。为保证传力，上下层竖向钢筋和水平钢筋搭接长度不小于 200mm，钢筋网片应牢固固定在边壁上。

5）坡面、坡顶、马道和平台喷射混凝土设计强度为 C20，喷射厚度为 8cm，要求必须盖住预留的 100mm 土钉喷射厚度的控制标志。其配比为水泥：砂：碎石：水 ＝ 1:2:2:0.5，碎石最大粒径应小于 15mm，喷射压力 0.3 ～ 0.4MPa。水泥采用 32.5 级普通硅酸盐水泥，砂为中粗黄砂，空压机风量不小于 9m³/h，喷头水压不小于 0.15MPa。

喷射混凝土施工应分段分层进行，同一分段内的喷射顺序应是自下而上，从坡底部向上射喷。喷头与受喷面距离控制在 0.6 ～ 1.2m 范围内，射流方向垂直指向喷射面，但在土钉部位，应先喷钢筋土钉里侧，然后再喷其外侧，以免出现空隙。坡顶部地面做好喷射混凝土护顶。

在继续下一次喷射作业时，应仔细清除施工缝结合面上的浮浆层和松散碎屑并喷水使之湿润。喷射后的 24h 后进行浇水养护，不得用高压水，以免混凝土塌落，每次间隙 8 ～ 10h。

如遇下雨，必须采用彩条布或塑料布覆盖，以防雨水冲刷边坡，造成边坡坍塌。

6）在 8 轴与 D、G 轴之间挖土时预留马道，宽度视土质情况而定，但不能少于 5m，坡度不大于 10°，马道上垫 30cm 厚现场的杂填土，以保证路面坚实。

3. 主要技术保障措施

（1）质量保证措施

1）由项目负责人负总责，与项目经理、技术负责人、质检员、施工工长组成质量保证小组，负责质量的全面管理。

2）严格按设计和规范要求进行施工，做好施工记录，每道工序需报验后，才能进行下一道工序。

3）对施工操作人员进行质量技术交底。

4）施工用主要材料，钢材、水泥必须出据质保书，检验合格后方能使用。使用过程中要注意各种材料的保管。水泥、已拌喷浆料等不得受潮。

5）喷射混凝土自下而上进行，不得有漏喷和空鼓现象。

6）已施工完的支护结构必须加强保护。

（2）工期保证措施

1）加强施工进度计划管理，根据总体进度计划，制订每周工作计划，落实各分项工程及各班组任务，若施工受天气等影响时，及时调整工作计划安排。

2）对各分项工程及各班组每周完成工程量实行考核奖惩制度，对超额完成计划的实行奖励。

3）实行劳动竞赛，对完成工作量第一的班组，予以精神、物质奖励。

4）加强机修力量，并备足易损零配件。

5）根据施工进度情况，备用设备随时待命进场，以保工期计划的实现。

（3）安全技术措施

1）对现场工作人员，进行安全交底、安全教育。

2）特殊工种要持证上岗，并严格按照施工操作规程施工。

3）现场安全员，在施工中全权负责安全工作。

4）机械设备注意维护保养，保证正常安全运转。

5）重视个人自我保护，佩戴安全帽，落实防护措施，正确使用防护用品。

6）经常征求建设单位、施工监理单位和总包单位的意见，出现问题及时整改。

7）挖土方应从上而下分层进行，禁止采用先挖坡脚的危险操作方法。

8）开挖坑、沟深度超过 1.5m 时，一定要按土质和开挖的深度按规定进行放坡或加可靠支撑。如果既未放坡，也不加可靠支撑，不得施工。

9）坑、沟边 1m 以内不得堆土、堆料和停放机具。1m 以外堆土，其高度不宜超过 1.5m。坑、沟与附近建筑物的距离不得小于 1.5m，危险时必须采取加固措施。

10）挖土方不得在边坡下或贴近未加固的危险楼房基底下进行。操作时应随时注意上方土壤的变动情况，如发现有裂纹或部分塌落应及时与设计方联系、解决。

11）工人上下深坑应预先搭设稳固安全的阶梯，避免上下时发生坠落。

12）开挖深度超过 2m 的坑、沟边沿处，必须设两道 1.2m 高牢固的栏杆和悬挂危险标志，并在夜间挂红色标志灯。任何人严禁在深坑、悬岩、陡坡下面休息。

13）在雨期挖土时，必须排水畅通，并应特别注意边坡的稳定。下大雨时应暂停土方施工。

14）夜间挖土时，应尽量安排在地形平坦、施工干扰较少和运输道路畅通的地段，施工场地应有足够的照明。

15）机械开挖后边坡侧壁应用人工加以修整。

（4）文明施工措施

1）有专人负责整理场地。

2）不同材料按指定地点堆放，不得混放。

3）施工机械器具应有指定地点保存，收工时各班应督促职工注意器具的归总、清点，不得乱扔乱堆。

4）宿舍照明电路统一规划，不得乱接电线、插头，宿舍内禁止使用煤气炉、电炉等。

5）进入现场需戴安全帽，佩戴胸卡，着统一服装。

6）每个宿舍配置一个垃圾盛放器及清扫用具，宿舍卫生管理制度上墙。

7）设专职保洁员一名，负责宿舍、厕所日常卫生管理。

8）工地严禁酗酒、赌博。

9）职工宿舍有专人值班清理，保持整洁化。食堂卫生落实到人，采购食品要新鲜，生熟分开，热食品用纱罩防蝇，剩菜按指定地点倒放，严禁随意抛洒，确保职工饮食卫生。

4. 应急预案

1）基坑开挖前，挖土单位必须提供一份安全合理的挖土方案，按测量边线、放坡坡度分层分段开挖。土方开挖中，要根据支护要求，统一行动，听从指挥。严禁超挖、乱挖。

2）现场备放水泥、水泵、水管、钢管、石料、草袋等材料，并可考虑压密注浆设备。施工阶段，工地派人 24h 值班，随时观察，即时汇报。

3）土方开挖及边坡支护施工阶段，增加对基坑和周边道路的监测频率。发现问题，及时通报。

4）边坡支护施工单位，在土方开挖后，应立即精心组织，加快支护施工进度，减少边坡暴露时间。

5）基坑开挖过程中，如产生位移过大，可暂停开挖，局部回土填压，待分析清原因，采取相应措施后，方可继续开挖。

6）基坑挖至设计基底标高，必须即时进行垫层施工，基底清好一段，垫层施工一段。减少基坑暴露时间，确保基坑安全。

5. 工程质量总控制图

工程质量总控制图如图 3-7 所示。

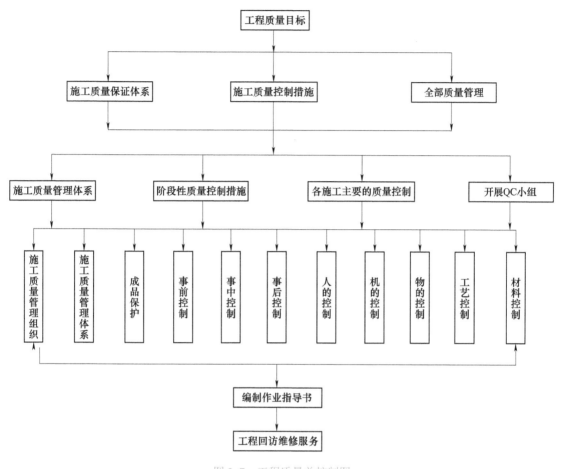

图 3-7　工程质量总控制图

6. 施工质量管理体系

施工质量管理体系是整个施工质量能加以控制的关键，而本工程质量的优劣是对项目班子质量管理能力的最直接的评价，同样质量管理体系设置的科学性对质量管理工作的开展起到决定性的作用。

（1）施工质量的管理组织　施工质量的管理组织是确保工程质量的保证，其设置的合理、完善与否将直接关系到整个质量保证体系能否顺利地运转及操作，在本工程中，我们将以下的组织机构来全面地进行质量的管理及控制（图 3-8）。

（2）质量管理职责　根据质量管理体系图，建立岗位责任制和质量监督制度，明确分工职责，落实施工质量控制责任，各行其职。

项目经理职责：履行合同，执行企业质量方针，实现工程质量目标，组织建立和完善项目管理机构，明确项目管理人员职责，建立健全项目内部各种责任制；组织项目质量策划和质量计划的编制、实施及修改工作；组织制定项目其他各项规划、计划。对工程项目的成本、质量、安全、工期及现场文明施工等日常管理工作全面负责；合理配置并组织落实项目的各种资源，按质量体系要求组织项目的施工生产活动；对工程分包商实施全面管理；协调项目经理部和业主之间的关系。

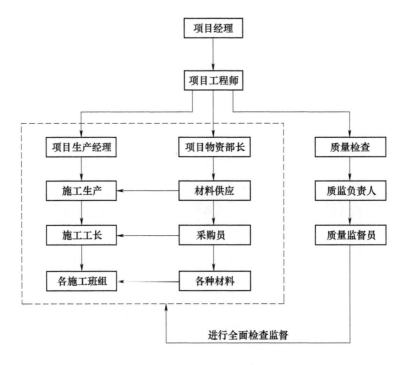

图 3-8　施工质量管理组织机构

项目工程师职责：组织项目人员进行图纸会审；编制施工组织设计，并发放至有关部门和人员；确定施工关键过程和特殊过程，并编制质量控制要点；组织编制作业指导书，并逐级交底至作业班组；负责项目技术洽商，处理设计变更有关事宜，负责项目的技术复核工作，参与质量事故和不合格品的处理，编制技术处理方案，组织对工程质量进行检查评定；负责项目竣工技术资料的收集、整理和归档及统计技术的选用。

项目副经理的质量职责：项目副经理作为负责生产的主管项目领导，应把抓工程质量作为首要任务，在布置施工任务时，充分考虑施工进度对施工质量带来的影响，在检查正常生产工作时，严格按方案、作业指导书等进行操作检查，按规范、标准组织自检、互检、交接检的内部验收。

质量工程师职责：对工程质量严格执行国家、行业和地方政府主管部门颁布的质量检验评定标准和规范，行使监督检查职能，巡回检查，随时掌握辖区内的工程质量情况，对不符合质量标准的情况有现场处置权；负责分部分项工程的检查验收与评定，对发现不合格品应及时报告工程负责人，参加制定处理方案，并验证方案的实施效果，行使现场质量处罚权。

技术部门职责：组织参与编制施工组织设计、施工技术方案、项目质量计划；负责执行和落实各项技术管理制度和措施。参加不合格品、不合格项分析会，负责制定措施，检查、纠正措施的实施情况。负责各项检验和试验，正确选择取样、送检工作。负责工程施工全过程的测量工作。做好各项计量器具验收、登记、统计、送检工作。负责建筑安装施工过程控制。负责工程技术文件资料、质量记录的管理和控制。

工程部门职责：负责编制项目施工生产计划、检查生产计划执行情况；负责施工生产的协调、调度、现场文明的实施，处理好施工生产的进度与质量问题；落实好工程过程产品保护和保修服务；搞好劳动力管理，及时调配人力资源，满足施工生产需要；负责分承包管理和员工培训工作；负责管理评审、质量记录、文件和资料的控制、内部质量审核、统计技术的推广应用等要素文件贯彻实施。

施工工长职责：施工工长作为施工现场的直接指挥者，首先其自身应树立质量第一的观念，并在施工过程中随时对作业班组进行质量检查，随时指出作业班组的不规范操作、质量达不到要求的施工内容，督促其整改。施工工长亦是各分项施工方案、作业指导书的主要编制者，应做好技术交底工作。

3.3 模板及支撑体系施工方案编制

3.3.1 工程概况

本工程包括机场公司办公楼、职工文化中心和职工餐饮中心，为新建的大型办公建筑，位于河南省 ×× 市 ×× 机场航站区内。用地南侧为 ×× 路，北侧为 ×× 路，东西两侧分别为 ×× 路和 ×× 路。工程建设概况见表 3-4。

表 3-4　工程建设概况

工程名称	建筑面积 /m²		建筑高度 /m	层数		其他
	地上	地下		地上	地下	
办公楼	40071.76	15355.88	42.95	9	2	设计使用年限：50 年
职工文化中心	9044.51	5053.73	19.10	4	1	抗震设防烈度：7 度 抗震设防类别：丙类
职工餐饮中心	11228.78	5015.55	19.10	4	1	±0.000 绝对标高：151.70m
总建筑面积	85770.21					

3.3.2 编制依据

模板施工方案编制依据见表 3-5。

表 3-5　模板施工方案编制依据

序号	类别	文件名称	标准号
1	国家、行业标准、规范	混凝土结构施工图平面整体表示方法制图规则和构造详图	16G101-1、2、3，18G901-1、2、3
2		建筑物抗震构造详图	11G329-1
3		混凝土结构工程施工质量验收规范	GB 50204—2015
4		建筑工程施工质量验收统一标准	GB 50300—2013
5		建筑施工模板安全技术规范	JGJ 162—2008
6		建筑施工承插型盘扣式钢管支架安全技术规程	JGJ 231—2010
7		建筑施工扣件式钢管脚手架安全技术规范	JGJ 130—2011
8		建筑工程冬期施工规程	JGJ/T 104—2011
9	地方标准、规范	河南省建筑工程中州杯奖（省优质工程）评审标准	
10		郑州市现行的有关文明施工和安全生产相关规定	
11	设计文件	结构施工图	
12		本工程图纸会审记录	
13	企业技术标准		

3.3.3　施工前准备工作

1. 项目管理组织

项目管理组织机构图如图 3-9 所示。

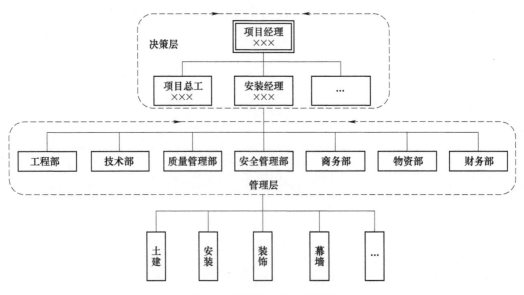

图 3-9　项目管理组织机构图

项目各部门负责人主要职责见表 3-6。

表 3-6　项目各部门负责人主要职责

序号	部门	职务	主要职责
1	项目领导	项目经理	1）是法人在机场综合楼施工总承包项目的委托代理人，是履行合同的主要责任人 2）组织有关人员编制施工管理方案，参与组织机构、职责分工、进度计划、重要或重大方案的策划，负责监督、督促项目的方案实施 3）负责与施工总承包各部门、业主、监理及有关部门的对接和沟通，及时了解业主、监理的要求，并及时采取措施进行解决，确保本工程的顺利实施 4）配合施工总承包管理部的工作，确保各类生产要素满足施工的需要 5）及时解决施工中遇到的影响工期、质量、安全等的管理问题、方案问题、资源问题，确保各项指标的完成 6）组织预、结算工作，及时与业主、监理沟通，解决签证工作中的问题，使业主工程款合理及时拨付，确保项目顺利运行
2	项目领导	项目副经理	1）对工程的施工生产、进度计划、现场总平面协调及管理全面负责，确保工程施工顺利进行 2）对结构工程、电气安装与其他专业分包之间的施工生产进行协调 3）负责结构工程、电气安装工程中各专业工种和其他专业项目的协调及配合，并负责施工日常工作的落实，组织各分项工程的施工、验收工作等，及时解决施工中出现的各种问题
3	项目领导	技术负责人	1）本工程的技术质量总负责人，负责技术、深化设计、质量管理工作 2）负责组织编制施工组织设计并进行初审后，报业主、监理及上级部门审批 3）负责编制各类专项施工方案并进行审核，报有关部门审批 4）对施工过程进行管控，及时预见施工过程可能出现的问题，并提前采取相关措施 5）解决施工中的洽商、变更及重大技术质量问题，组织质量事故的处理 6）综合考虑各专业施工中的交叉施工工序，编制交叉施工协调方案，对设备进场、安装顺序，大型设备的运输、安装方案，留口留洞等提前予以考虑，并及时下达执行指令 7）进行质量目标和质量管理措施策划，建立项目质量管理体系，开展 QC 活动，确保创优目标的实现
4	项目领导	商务经理	1）直接领导商务合约部 2）负责项目成本管理，控制工程造价，监控工程进度款的支付情况，按要求上报每月工程量 3）审核项目物资计划和设备计划，督促物资部门及时采购所需的材料和设备，保证工程设备、材料的及时供应 4）负责项目预结算管理工作，按要求编制工程结算文件，做好分包结算工作
5	项目领导	安全总监	1）直接由单位委派，对本工程施工安全具有一票否决权 2）直接领导安全环境管理部 3）贯彻国家、省及郑州市的有关工程安全、文明施工规范及相关管理规定，确保本工程安全与文明施工管理目标的顺利实现 4）执行环境保护及绿色施工的管理规定，负责现场环境保护与绿色施工管理规定的实施

（续）

序号	部门	职务	主要职责
6	土建施工管理部	专业工程师	1）在总承包管理部的领导下，具体负责土建、机电工程的施工及装饰工程和相关专业分包的管理工作 2）负责为各类专业分包提供与土建、机电有关的协调和配合工作 3）负责其他专业分包中与总承建有关的管理工作 4）负责装饰及其他各专业的管理工作 5）完成总承包管理部交办的各项工作
7	技术管理部	技术工程师	1）审核各分包单位的施工组织设计与施工方案，并协调各分包单位之间的技术问题 2）与设计、监理保持经常沟通，保证设计、监理的要求与指令在各分包单位中贯彻实施 3）协助技术负责人一起组织本项目的关键技术难题进行科技攻关，进行新工艺、新技术的研究，确保本项目顺利进行 4）及时组织技术人员解决工程施工中出现的技术问题 5）承担项目的技术领导责任，贯彻执行技术规范、标准，制订施工项目的技术管理制度，组织工程的施工验收工作
8	物资设备管理部	物资工程师	1）根据工程部编制的需用计划，负责材料设备和工具的计划、采购、供应和现场管理工作 2）负责项目材料的保管及发放，保证所需材料及时到位 3）负责业主供应材料设备的管理工作 4）保证周转工具的供应、运输与保管
9	安全环境管理部	安全工程师	1）按国家消防法律、法规和公司的有关规定，制订项目部相关制度并监督执行 2）确保施工现场消防道路畅通，消防设备、设施和消防器材完好有效 3）负责现场的消防检查、监督 4）组织进行消防演练，制订演练计划，负责演练计划的落实，总结每次演练成果，并且留存演练影像资料 5）负责现场的安保工作，带领保安进行巡视及检查工作 6）收集、整理消防保卫管理资料 7）负责检查《施工现场临时用电安全技术规范》（JGJ 46—2005）的执行情况 8）负责现场配电设备、配电箱、电气线路的检查和验收 9）收集、整理施工用电相关资料 10）负责中小型机械的检查、验收 11）负责编制、收集和整理项目安全与职业健康、环境档案。管理安全检查资料、安全防护设备、设施验收、安全教育、安全技术交底、教育培训等资料 12）现场安全巡查三违行为；重大危险作业、重点部位旁站监督
10	商务合约部	商务工程师	1）配合项目商务经理起草针对指定分包的各类管理协议、往来函件、索赔报告等，贯彻总承包管理意识 2）当发生签证事件时，及时整理证据并准确计算数据，协助项目商务经理进行签证工作 3）负责施工图预算、材料总计划的编制，进行主体结构核量及对量工作，并对核量、对量准确性负责 4）收集各专业分包往来函件 5）负责审核各专业分包月上报工程量，确保拨付工程款的资料齐全 6）参与业主专业分包合同的招投标工作

（续）

序号	部门	职务	主要职责
11	质量管理部	质量工程师	1）负责日常巡查、质量会议 2）负责在合同项目中正确贯彻执行技术质量管理实施要求 3）检查项目分承包合同的质量保证条款，负责审查专业承包商的质量体系 4）根据合同文件及其相关资料，按程序文件规定编制项目质量管理计划，该计划由项目经理审定后发布实施 5）在项目质量管理计划实施过程中，应着重监控项目各阶段的控制点，及时做好质量投诉的解释工作，并保存记录 6）在项目实施过程中，若发生内部/外部的质量纠纷时，应按程序文件和合同规定进行有效的协调、解释 7）检查施工分包商的质量手册、质量体系文件、质量管理计划、方案等质量文件，如发现有不符合要求的部分应提出改正要求和意见 8）熟悉工程设计图和资料，了解设计意图和质量要求，参加图纸会审 9）负责将质量事故通知项目总工程师，参与现场重大施工质量事故的调查和处理，并做好记录 10）编制项目完工质量管理总结和评价报告

2. 各项资源供应方式

对本地建材和机械设备市场及社会环境进行充分了解，及时与一些信用良好的材料大供应商建立融洽的关系，可在最短的时间内落实货源并确保质量。工程的主要材料及设备除包括主承建范围内的钢筋、商品混凝土、防水材料等工程实体材料外，还包括钢管、扣件、木方等周转料具。做好其供应计划，对确保整个工程的顺利开展有重要作用。

本工程使用的主要周转材料有：模板及模板支撑体系（模板、木方、钢管、扣件、盘扣式脚手架）、安全用具、竹笆片、木跳板等。

根据本工程地下室占地面积大、要求工期相对紧张的特点，周转料具的投入考虑综合楼地下室全部配备，地上部分配备两层。

根据需要各阶段主要周转料具的需用量配备及进场计划见表 3-7。

表 3-7 施工各阶段周转料具需用量配备及进场计划

序号	部位	名称	规格	单位	数量	质量等级	进场时间
1	地下室及地上主体结构	钢管	φ48×3.6	m	3 万	合格	
2		扣件	旋转、直角、对接	只	6 万	合格	
3		盘扣式脚手架	φ48×3.2	m	86 万	合格	
4		木胶板	18mm 厚	m²	7.4 万	优质	
5		木方	50mm×100mm	m³	1850	合格	
6		安全平网	4m×6m	m²	2000	合格	

（续）

序号	部位	名称	规格	单位	数量	质量等级	进场时间
7		钢管	ϕ48×3.6	m	10 万	合格	
8		扣件	旋转、直角、对接	只	15 万	合格	
9	外脚手架	密目网	1.8m×6m	m²	7000	合格	
10		安全平网	4m×6m	m²	1500	合格	
11		木跳板	4000mm×50mm	m³	100	合格	
12		竹笆片	800mm×1200mm	m²	4100	合格	

3.3.4 资源配置计划

1．劳动力配置计划

劳动力配置计划见表 3-8。

表 3-8 劳动力配置计划

序号	专业工种	劳动量（工日）	需要量计划（工日）											责任人
			2018 年					2019 年						
			1	2	3	4	…	1	2	3	4	…		
1	木工													
2	混凝土工													
3	杂工													

2．工程用原材料需要量计划

工程用原材料需要量计划见表 3-9。

表 3-9 工程用原材料需要量计划

序号	材料名称	规格	需要量		需要时间									责任人
			单位	数量	×月			×月			×月			
					1	2	3	1	2	3	1	2	3	
1	模板	定制加工												
2	盘扣管	盘扣钢管												
3	木方	3m/根												
4	钢管	定制												

3．生产工艺设备需要量计划

生产工艺设备需要量计划见表 3-10。

表 3-10　生产工艺设备需要量计划

序号	生产设备名称	型号	规格	功率 /kW	需要量（台）	进场时间	责任人
1	单面压刨机	MB105A		7.5	2		
2	木工圆锯机	MJ134		5	6		
3	平刨机	MBS/4B		5	2		

4. 工程施工主要周转材料配置计划

工程施工主要周转材料配置计划见表 3-11。

表 3-11　工程施工主要周转材料配置计划

序号	施工周转材料名称	需用量	进场日期	出场日期	责任人
1	模板	8.9 万 m²			
2	盘扣钢管	90 万 m			
3	木方	2230m³			

5. 施工机具配置计划

施工机具配置计划见表 3-12。

表 3-12　施工机具配置计划

序号	施工机具名称	型号	规格	功率 /kW	需要量（台）	使用时间	责任人
1	圆盘锯		MJ503	5	6		
2	平刨		MB500	5	6		
3	手提电锯		M-651A	1.05	12		
4	手提电刨			0.45	12		
5	压刨		MB1065	7.5	6		
6	手电钻		钻头直径 12～20mm		36		
7	砂轮切割机		配套		4		

6. 测量设备配置计划

测量设备配置计划见表 3-13。

表 3-13　测量设备配置计划

序号	测量设备名称	分类	数量	使用特征	检定周期	保管人
1	水准仪	定位测量	2	现场测量	1 次 / 周	
2	电子经纬仪	定位测量	1	现场测量	1 次 / 周	
3	水准标尺	定位测量	5	现场测量	1 次 / 周	
4	钢卷尺	定位测量	30	现场测量	1 次 / 周	

3.3.5 施工方法及工艺要求

1. 方案及技术参数

为确保结构质量，保证混凝土的外形尺寸、外观质量都达到设计及业主要求，同时节约工期，选用最先进合理的模板及支撑体系和施工方法。模板体系的选择遵循支拆方便、牢固可靠的原则，根据图样设计的构件尺寸及工程实际情况，模板方案选型主要见表 3-14。

表 3-14　模板方案选型（不含高支模）

序号	部位	模板方案选型	
		模板	支撑体系
1	地下室满堂基础侧模	选用 240mm 厚砖胎模	底板墙体施工缝以下采用吊模支撑，钢管主龙骨，木方次龙骨，对拉螺栓
2	地下室外墙及连墙柱	15mm 厚镜面木胶板	主龙骨为 ϕ48.3×3.6 双钢管，次龙骨 50mm×100mm 木方，ϕ14mm 对拉螺栓
3	内墙	15mm 厚镜面木胶板	主龙骨为 ϕ48.3×3.6 双钢管，次龙骨 50mm×100mm 木方，ϕ14mm 对拉螺栓
4	方柱	15mm 厚镜面木胶板	主龙骨为 ϕ48.3 钢管，次龙骨 50mm×100mm 木方，ϕ14mm 对拉螺栓
5	梁（600mm 及以内）	15mm 厚镜面木胶板	主龙骨（主楞）为 ϕ48.3 钢管，次楞为 50mm×100mm 木方，承插型盘扣式钢管支架
6	梁（600mm 以上）	15mm 厚镜面木胶板	主龙骨（主楞）为 ϕ48.3 钢管，次楞为 50mm×100mm 木方，对拉螺栓，承插型盘扣式钢管支架
7	混凝土楼板	15mm 厚镜面木胶板	主龙骨（主楞）为 ϕ48.3 钢管，次楞为 50mm×100mm 木方，承插型盘扣式钢管支架
8	剪力墙洞口	15mm 厚镜面木胶板	50mm×100mm 木龙骨，承插型盘扣式钢管支架
9	楼梯	15mm 厚镜面木胶板	50mm×100mm 木龙骨，承插型盘扣式钢管支架

2. 施工工艺流程

模板施工过程中，遵循技术先进、工艺成熟、质量可靠、操作简便的原则。各种形式的模板施工遵循图 3-10 所示流程。

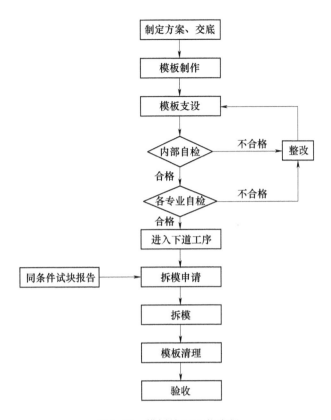

图 3-10　模板施工工艺流程

3．施工要点

（1）地下室施工要点

1）底板模板。地下室底板外侧采用 240mm 厚灰砂砖胎模，每隔 4m 设置一个 370mm×370mm 砖柱；底板墙体施工缝以下采用吊模支撑。

2）集水坑模板安装。地下室集水坑模板采用钢管、可调支座进行支设，并在底部模板面上留设 50mm×50mm 排气孔，间距为 500mm。

3）底板后浇带模板安装。底板后浇带模板采用快易收口网模板，快易收口网模板是一种混凝土施工缝处专用的永久性模板，它是采用镀锌薄钢板冲孔拉伸而成，网眼的凹凸不平度约 10mm，能够保证浇筑后的混凝土表面粗糙。

（2）梁柱接头模板施工要点

1）方柱模板均采用 15mm 厚木胶板，与墙体相连的框架与墙体一起支设。沿模板长边设置 50mm×100mm 木方背楞，间距为 250～300mm，木方与木胶板之间用钉子钉牢。模板就位后用短钢管临时固定，柱子模板用钢管柱箍加固，间距为 500mm。

2）梁柱接头模板采用工程加工成型，根据不同梁截面加工成"凹"型，现场直接拼装，防止梁柱接头因多块模板拼接造成错台（图 3-11）。

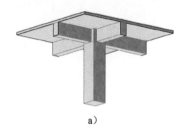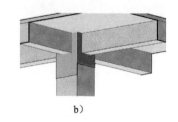

a)   b)   c)

图 3-11   梁柱接头模板

a）梁柱接头 BIM 效果　b）梁柱接头模板拼装效果　c）模板拼装完成效果

（3）边柱模板施工要点　边柱模板施工，在下部柱混凝土浇筑前，在楼板下 150mm 预埋两根对拉螺栓，在上部柱模板加固时，直接用预埋的对拉螺栓加固，有效防止上下部柱子混凝土错台（图 3-12）。

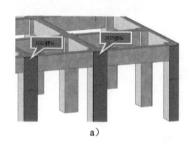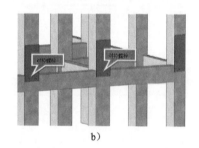

a)   b)

图 3-12   边柱模板施工

a）下部柱子加固时预埋对拉螺栓效果　b）上部柱子模板施工时，防止错台效果

（4）楼梯模板施工要点　模板采用 15mm 厚镜面木胶板及 50mm×100mm 的木方现场放样后配制，踏步模板用木胶板及 50mm×100mm 木方预制成型木模，而楼梯侧模用木方及若干与踏步几何尺寸相同的三角形木板拼制。由于浇混凝土时将产生顶部模板升力，因此，在施工时须附加对拉螺栓，将踏步顶板与底板拉结使其变形得到控制。楼梯模板支设如图 3-13 所示。

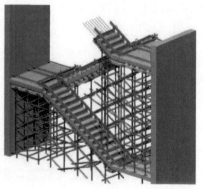

图 3-13   楼梯模板支设

（5）后浇带模板施工要点

1）底板后浇带（膨胀加强带）。梁板后浇带采用快易收口网作后浇带两侧挡模，底板采用快易收口网。

后浇带模板采用双层快易收口金属网（一层孔径 10mm，另一层孔径 3mm）进行临时封挡。钢筋网片用 Φ12 钢筋骨架与基础底板及墙体钢筋点焊固定。

地下室后浇带安装 −300×3 钢板止水带。钢板止水带宽 300mm，1/2 埋入混凝土内。钢板止水带厚 $\delta=3$mm，每节长 $L=5 \sim 6$m，在基础底板和外墙施工缝处通长设置，每节钢板止水带之间采用搭接 10cm 焊接，注意焊缝厚度及密度均匀。当外墙导墙高度不一样，造成钢板止水带不在同一平面上，在高低相接处，钢板止水带也不能断开。

2）墙两侧采用快易收口网作后浇带两侧挡模。

3）楼板后浇带。楼板后浇带模板在本层梁板底模支设时，后浇带两侧设置与梁板支撑体系断开的快拆体系支撑（可以在整体拆除模板时保留），以保证梁板板底模拆除后，后浇带的两侧支撑仍然保留并正常工作，避免形成悬挑结构。

4. 质量标准

（1）主控项目　安装现浇结构的上层模板及其支架时，下层楼板应具有承受上层荷载的能力，或加设支架；上、下支架的立柱必须对准，并铺设垫板。

在涂刷模板隔离剂时，不得沾污钢筋和混凝土接槎处。

（2）一般项目　模板的接缝不应漏浆；在浇筑混凝土前，木模板必须浇水湿润，但模板内不得有积水；模板与混凝土接触面必须清理干净并涂刷隔离剂，但不得采用影响结构性能或妨碍装饰工程施工的隔离剂，如废机油等。

浇筑混凝土前，使用大功率吸尘器将模板内的杂物清理干净。

梁板起拱值应符合设计要求。

检查数量：同一检验批内，对梁抽查构件数量的 10%，且不少于 3 件；对板选择有代表性的自然间抽查 10%，且不少于 3 间；检查方法：水准仪或拉线、尺量。

固定在模板上的预埋件、预留孔和预留洞均不得遗漏，且应安装牢固。

（3）模板允许偏差　模板允许偏差见表 3-15。

表 3-15　模板允许偏差

项次	项目	部位	允许偏差 /mm	检查方法
1	轴线位移	柱、墙、梁	3	尺量
2	底模上表面标高		±3	拉线、尺量
3	截面尺寸	基础	±5	尺量
		柱墙梁	±3	
4	层高垂直度	层高不大于 5m	3	吊线、尺量
		大于 5m	5	

（续）

项次	项目	部位	允许偏差 /mm	检查方法
5	相邻两板表面高低差		2	尺量
6	表面平整度		2	靠尺、塞尺
7	阴阳角	方正	2	方尺、塞尺
		顺直	2	线尺
8	预埋件中心线位移		2	拉线、尺量
9	预埋管、螺栓	中心线位移	2	拉线、尺量
		螺栓外露长度	5、0	拉线、尺量
10	预留孔洞	中心线位移	5	拉线、尺量
		尺寸	5、0	
11	门窗洞口	中心线位移	3	拉线、尺量
		宽、高	±5	
		对角线	6	
12	插筋	中心线位移	5	尺量
		外露长度	10、0	

3.3.6 主要技术保障措施

1）在模板设计中应做到尺寸准确，板面平整；具有足够的承载力、刚度和稳定性；构造简单，装拆方便，并便于钢筋的绑扎、安装和混凝土的浇筑、养护等要求。模板工程质量保证措施见表 3-16。

表 3-16 模板工程质量保证措施

序号	项目		保证措施
1	墙柱模板	墙柱几何尺寸	1）测放控制线 2）使用梯子筋、顶模棍 3）使用对拉螺栓
		门窗洞口	1）在模板周边加设海绵条 2）在模板两侧加设限位钢筋，底部设定位钢筋，控制洞口尺寸 3）从洞口两侧同时浇筑混凝土
		墙柱烂根预控	1）在顶板混凝土浇筑时墙柱边线 15cm 范围内进行压光，弹出墙柱边线并切割剔除表面浮浆 2）墙体模板立模前，粘贴海绵条或橡胶软管以防止漏浆
		胀模、偏位预控	1）设计模板时加强强度控制 2）模板支设前放好定位线、控制轴线 3）使用梯子筋、顶模棍等定位措施
		错台、漏浆预控	1）拼缝处加设海绵条 2）合模前在墙体内加钢筋撑铁
		墙面不平，粘连预控	1）混凝土强度达到 1.2MPa 拆侧模 2）认真清理模板和涂刷隔离剂，并设专人检查验收，不合格的要重新刷涂

（续）

序号	项目		保证措施
2	梁板模板	安装放线	1）测放控制轴线网和模板控制线 2）放出梁、板边线和检查控制线 3）竖向钢筋绑扎完成后，在每层竖向主筋上部标出标高控制点
		板面平整度	1）模板支撑必须经过计算 2）板模板支设时，放出控制线 3）上下层支撑在同一直线上，支撑下垫木方
		梁柱节点模板	1）放大样，测放控制线 2）加设海绵条 3）支撑牢固
		起拱预控	1）一般梁，跨度小于 10m 时，模板起拱高度宜为全跨长度的 1/800；跨度大于 10m、小于 15m 时，模板起拱高度宜为全跨长度的 1/600；跨度大于 15m 时，模板起拱高度宜为全跨长度的 1/500 2）拉通线
		漏浆预控	1）在板面接缝处、梁侧模及底模交接处，贴海绵条 2）支撑、夹具要紧固，模板接缝处要平直

2）通过对模板的加工、拼装过程的严格质量控制，有效控制模板的成型质量，避免出现胀模、漏浆、变形等质量通病。模板工程质量通病控制措施见表 3-17。

3）高支模施工的质量保证措施。高支模工程属于危险性较大的分项工程，应编制专项施工方案，且须经专家论证，验收合格后才能进入下道工序施工，因此必须严格控制高支模施工质量。具体保证措施见表 3-18。

表 3-17 模板工程质量通病控制措施

序号	质量通病	控制措施
1	烂根	浇筑混凝土时在墙根支设模板处分别用 4m 和 2m 刮杠刮平，并控制墙体两侧及柱四周板标高，标高偏差控制在 2mm 以内，并用铁抹子找平，支模时加设海绵条，切忌将其伸入混凝土墙体位置内，加强混凝土浇筑过程中的振捣工作
2	漏浆	在模板接缝处和梁侧模及底模交接处，采用贴海绵条的措施解决漏浆问题
3	胀模偏位	模板设计强度控制，背楞加密。模板支设前放好定位线、控制轴线，墙模安装就位前采取定位措施，如采用梯子筋控制模板支设位置
4	垂直偏差	支模时要反复用线坠吊靠，支模完毕经校正后如遇较大的冲撞，应重新校正，变形严重的模板不得继续使用
5	平整偏差	加强模板的维修，每次浇筑混凝土前将模板检修一次。板面有缺陷时，应随时进行修理，不得用大锤或振捣器猛振模板、用撬棍击打模板
6	墙体钢筋移位	钢筋安装就位前采取定位措施，如采用梯子筋控制钢筋位置；同时采用塑料卡环做保护层垫块
7	阴角不垂直、不方正	修理好模板、角模。支撑时要控制其垂直偏差，并且角模内用顶固件加固，保证阴角模或阴角部位模板的每个翼缘至少设有一个顶件，顶件不得使用易生锈的钢筋或角铁
8	外角不垂直	保证拼模准确，角部夹具夹紧边框，在必要的位置做加强处理，使角部线条顺直，棱角分明

表 3-18　高支模施工质量保证措施

序号	措施	内容
1	采用可靠的支撑体系	本工程模板支撑体系采用碗扣式钢管支撑架体
2	保证材料质量的控制措施	1）选择合适的材料供应商 2）对进场的模板、钢管杆件、构件、配件、加固件等按规范要求进行检查、验收；对不合格品必须退货，严禁投入使用 3）对同一批次使用的材料，应核对其尺寸规格是否相同，严禁将外径不同的钢管混合使用 4）严格按施工平面布置指定位置堆放材料，同时必须悬挂标识牌，标明材料名称规格、使用部位 5）模板按分类整齐平行堆放。模板堆放不宜过高，以免失稳。最下一块模板应垫起，离地 200mm 高，保持通风，防止受潮 6）模板堆放场地应搭棚防晒，防止太阳暴晒造成模板变形
3	预防轴线偏位、标高不正确的控制措施	1）每层都必须从同一基准点引测出各条轴线，并按测量的要求进行复测，校核其精度是否达到要求 2）梁的轴线、边线应先用墨斗在楼面上弹线，再引测到柱上，以作复核之用，防止发生梁模板位移 3）用水准仪把建筑物水平标高引测至模板安装位置，定好水平控制标高，严格控制梁板的标高
4	施工质量保证措施	1）模板及其支撑体系必须进行验算，保证其具有足够的强度、刚度和稳定性，能可靠地承受施工过程中可能产生的各项荷载 2）做好各级技术交底工作，让所有施工人员掌握质量技术要求 3）配置模板时，要根据模板拼装接合的需要进行适当加长或缩短，确保模板表面平整，接缝严密不漏浆 4）对模板支撑体系的强度、刚度和稳定性等有显著影响的钢管杆件、木方等构件的尺寸、间距等必须严格控制 5）严格按事先确定的合理施工工序进行操作施工，发现问题及时上报，并会同有关人员研究处理 6）模板及其支撑体系必须经过有关单位验收通过，并如实做好质量验收记录后，方可组织下道工序施工
5	预防漏浆的控制措施	1）木模板拼缝处应平直刨光，拼板紧密；浇混凝土前要隔夜浇水，使模板润湿膨胀，将拼缝处挤紧 2）梁与柱相交，梁模与柱连接处应考虑木模板吸湿后长向膨胀的影响，下料尺寸可稍缩短些，使混凝土浇灌后梁模板顶端外口刚好与柱面贴平；但梁模板也不能缩短太多，否则膨胀后未能贴平柱模板，又会发生漏浆现象 3）底模板与梁接合处，应用方木镶接或阴角模板；板底模板也应考虑浇水湿润后膨胀因素，适当缩小模板尺寸，这样既可防止漏浆，又可避免板底模板嵌入墙、梁内，且便于拆模
6	成品保护措施	1）模板安拆时应轻起轻放，不准碰撞，防止模板变形 2）模板涂刷好隔离剂（脱模剂）后，在指定位置按规格分类堆放 3）模板安装完成后，要注意保持模板内清洁 4）拆模时不得用大锤硬砸或用撬棍硬撬，以免损坏混凝土表面和棱角
7	混凝土施工注意事项	1）浇筑混凝土前，模板内杂物清理干净；木模板浇水湿润，不得有积水 2）混凝土浇筑时，派人员专职观察模板及其支撑系统的变形情况，发生异常情况立即暂停施工，如果排险抢修施工时间超过混凝土初凝时间，则要进行施工缝处理 3）混凝土浇筑时要严格控制浇筑进度不得过快，应分层对称浇筑，使混凝土荷载均匀分布 4）混凝土输送管不得直接与模板面接触，应用轮胎和木方组成滑动支座支承，减少管道产生的水平附加荷载 5）混凝土振动时，不得用振动棒撬住模板或钢筋 6）振动器、振动棒等设备，不得集中堆放；浇筑时无需使用的设备一律在浇筑前清走

4）重大危害因素清单及主要控制措施。重大危害因素清单及主要控制措施详见表 3-19。

表 3-19　重大危害因素清单及主要控制措施

序号	重大危害因素名称	活动 / 场所	根源及状况	控制措施
1	策划失误（E_5）	基坑（1）；深基坑开挖（2）；起重吊装（2）；宿舍设置（2）；脚手架搭设（2）；脚手架拆除（2）；施工电梯安装（2）；电动吊篮作业（2）；外电防护（3）；消防设施、器材布置（3）；现场临电布置（3）；塔式起重机的安装（3）；塔式起重机的拆除（3）；模板安装（3）；模板支撑体系（3）；模板拆除（3）；施工电梯拆除（3）	专业性较强、危险性较大的作业项目，没有在作业之前编制施工组织设计（专项方案）、施工组织设计（专项方案）不能指导施工的情况经常出现，盲目作业必然导致安全事故的发生	a、c
2	操作失误（E_2）	塔式起重机的使用（2）；用电设备的使用（3）；起重吊装（3）；脚手架拆除（3）；模板拆除（3）；卸料平台搭设（3）；施工电梯安装（3）；施工电梯运行（3）；施工电梯拆除（3）；电动吊篮作业（3）	部分作业人员安全意识不强，以违章作业居多，个别情况下出现误操作	c、d、e、f
3	防护缺陷（A_2）	消防通道（1）；脚手架搭设（1）；外电防护（2）；消防水源（2）；深基坑开挖（2）；塔式起重机作业（2）；高处作业（2）；脚手架上作业（2）；基坑（2）；走人斜道（2）；电梯井口（2）；防水作业（3）；油料存放点（3）；氧气瓶存放点（3）；通道口（3）；预留洞口（3）；楼梯口（3）；楼层边（3）；屋面临边（3）；卸料平台（3）；砌筑作业（3）；抹灰作业（3）；起重吊装作业（3）；施工电梯运行（3）；施工电梯拆除（3）；电动吊篮作业（3）；外装饰作业（3）	防护装置和设施存在缺陷的主要原因有两个：一是没有按照施工组织设计和专项方案实施，二是作业过程中维护不好（如：因作业临时需要擅自拆除、移动，之后不及时恢复等）。有时也会出现防护不当的情况	c、d、e、f
4	设备、设施缺陷（A_1）	起重吊装作业（1）；用电设备的使用（1）；外电防护（2）；塔式起重机作业（2）；整体提升脚手架（2）；塔式起重机安装（3）；消防水源（3）；脚手架上作业（3）；脚手架搭设（3）；施工电梯安装（3）；场内机动车作业（3）；电动吊篮作业（3）	设备、设施本身可能存在某些缺陷，由于工作不细，没有及时发现并采取相应的补救措施；设备、设施在安装、设置、使用等环节中，也会因维护、保养等工作跟不上产生故障	a、c、f
5	运动物危害（A_7）	脚手架搭设（1）；起重吊装（3）；基坑（3）；塔式起重机作业（3）；脚手架上作业（3）；电动吊篮作业（3）	在多种工序交叉作业的情况下，操作失误、危险作业是引发运动物危害的主要因素	c、d、e、f
6	电危害（A）	外电防护（1）；用电设备的使用（3）；起重吊装作业（3）；职工宿舍（3）；现场临电布置（3）；三级配电、两级保护设置（3）；混凝土振捣棒作业（3）；打夯机作业（3）；手持电动工具作业（3）；石材加工（3）；幕墙施工（3）	外电线路没有根据最小安全距离要求采取可靠的防护措施；现场用电没有按照三相五线制、三级配电、两级保护实施，或在管理上缺乏检查监督	a、b、c、d、e、f
7	明火（A_8）	钢筋垂直连接（2）；职工宿舍（3）；油漆仓库（3）	抽烟或电炉取暖	a、c、f
8	信号缺陷（A_{13}）	塔式起重机的使用（3）；施工电梯运行（3）	信号设施不全；信号工没有接受过专门培训	b、f

（续）

序号	重大危害因素名称	活动 / 场所	根源及状况	控制措施
9	易燃易爆性物质（B_1）	木材堆放点（3）	专业人员素质不高管理疏漏较大	d、c、e、f
10	监护失误（E_3）	拆除作业（3）；起重吊装（3）；脚手架拆除（3）；施工电梯拆除（3）	措施不严密；人员责任心	a、c、e、f
11	指挥失误（E_1）	外电防护（2）；起重吊装（3）；塔式起重机的使用（3）；施工电梯安装（3）；施工电梯运行（3）；施工电梯拆除（3）	指挥人员的业务水平和安全意识	a、d、e、f
12	健康状况异常（D_2）	食堂（3）	未及时检查身体	
13	致病微生物（C_1）	食堂（3）	卫生状况需改进	d、c、e、f
14	致害植物（C_4）	食堂（3）	食堂采购人员把关不严	c、e、f

注：①a—制定目标、指标和管理方案；②b—制定专项方案；③c—执行管理规划和程序；④d—制定应急预案；⑤e—教育和培训；⑥f—加强现场监督。

3.3.7 安全保证措施

成立以项目经理为组长，安全、技术、施工人员为组员的项目部安全生产领导小组，管理机构人员职责详见表3-20。

表 3-20 机构及人员的主要安全生产管理职责

序号	机构及人员	安全生产职责
1	项目经理	项目经理是工程项目安全生产第一责任人，对项目施工过程中的安全生产、模板架体搭设工作负全面领导责任
2	项目总工	对模板工程的施工安全工作负技术领导责任，贯彻落实国家安全生产、文明施工方针、政策，严格执行安全环保技术规程、规范、标准，负责模板方案编制和模板工程施工中技术指导工作
3	安全总监	宣传和贯彻有关的安全和环保法律法规，组织落实各项安全施工管理规章制度，并监督检查模板支架搭设过程中方案和规范执行情况，对架体安全负有重要的监督检查责任
4	专业工程师	对工程项目的安全生产、模板架体搭设工作负直接责任，协助项目经理贯彻安全等法律法规和各项规章制度，负责组织模板支架按方案和规范要求搭设
5	物资部	负责对进场的架体材料及安全防护用品的检查验收，负责进行架体材料的质量检验，严禁伪劣产品进入现场
6	架子工班组组长	负责落实执行高支模架体的搭设工作，是负责落实和执行模板工程按方案和规范施工的直接管理者和责任人

（续）

序号	机构及人员	安全生产职责
7	架子工班组	是模板架体搭设的实施者，必须按照方案及规范要求进行架体搭设，对架体的安全负有直接责任
8	木工班组	是模板安装的实施者，必须按照方案和规范要求进行模板安装，对模板的加固安全负有直接责任，对架体安全负有重要责任
9	钢筋、混凝土班组	钢筋、混凝土施工对模板架体安全有重要影响，施工过程中，严禁在架体模板上集中堆载、超载，施工过程应严格服从项目部的管理和指挥，对架体安全负有重要责任

1. 安全教育

利用各种宣传工具，采用多种教育形式，使施工人员树立统一的思想，不断强化安全意识，使安全管理制度化、教育经常化。施工人员必须严格遵守劳动保护规定，正确佩戴和使用个人防护用品。必须严格执行安全操作规程和班前安全技术交底要求。交叉作业时，要有安全可靠的防护措施，不得伤害他人，也避免被他人伤害。

2. 执行安全生产奖罚制度

根据公司制定的安全生产奖罚制度，结合本项目部的实际情况，制定安全生产奖罚实施细则。遵守国家政策、法规、法令，遵守劳动纪律，按安全法规和施工技术规范要求进行施工，全面关照所有有权留在现场上的人员的安全，使其管辖范围内的现场和未完工的和建设单位尚未占用的工程处于有条不紊和良好的状态。对维护生产、生活次序，维护社会治安有显著功绩的班组和个人给予奖励；反之，给予处罚，以保证生产、生活有序地进行，确保生产安全。

3. 加强现场安全生产管理

1）专职安全工程师加强现场的日常安全生产的检查和监督，工程技术人员、生产管理人员上工地也应注意检查重要和关键部位的安全，做到防患于未然。

2）一切技术方案必须安全可行，在技术交底时一并进行安全措施交底，重点抓好施工现场安全，杜绝机械设备违章操作，严禁非专业人员操作各种特种机械设备，现场施工人员上岗前通过考核，择优上岗。

3）支模前必须搭好相关防护架，拆除顶板模板前必须划定安全区域和安全通道，将非安全区域用钢管、安全网封闭，并挂"禁止通行、正在拆模"安全标志，操作人员必须在铺好跳板的操作架上操作。已拆模板起吊前应认真检查螺栓是否拆完，并清理模板上杂物。确认安全后，方可起吊。

4）浇筑混凝土前必须仔细检查支撑是否可靠、扣件是否松动。浇筑混凝土时必须由木工组设专人看模，发现下沉、松动或变形现象应及时处理。确认安全后，方可再次进行浇筑施工。

5）任何人员不得擅自拆动施工现场的脚手架、防护设施、安全标志和警告牌，如必须拆动时须经现场负责人同意后方可进行。

6）严禁私自拆除底模，本层架体的下一层模板支撑架体不得拆除，拆除时间由项目部确定并下发拆模通知。

3.3.8 绿色施工措施

本工程绿色施工管理目标：创建"全国建筑业绿色施工示范工程"优良级。

1. 环境保护

1）现场设置环境保护标识、环境保护制度等绿色施工保障相关内容。

2）夜间施工照明灯加设灯罩，透光方向集中在施工范围。

3）模板安装、拆除时应注意控制噪声污染。

4）在夜间施工应遵守当地规定，防止噪声扰民。

5）涂刷隔离剂时要防止洒漏，以免污染环境。

2. 节材与材料资源利用

1）核心筒墙体使用全钢大模板代替木模板，可周转使用，减少模板用量。

2）穿墙螺杆处增加 PVC 套管，可使对拉螺杆重复利用，减少螺杆消耗量。

3）保证模板安装质量，使墙体达到清水混凝土效果，减少抹灰量。

3. 节能与能源利用

1）现场周转材料按指定地点堆放，减少二次倒运和吊装。

2）施工机具随用随开，杜绝空转、过载、无人看守现象发生。

3）夜间施工需要局部加强照明处选用 LED 等节能环保产品。

4. 节地与土地资源保护

现场所有施工材料按需进场，执行材料进场审批手续，并按指定地点码放整齐，需退场的材料清点完成后及时申请退场，禁止过多占用场地。

3.3.9 成品保护措施

保持模板本身的整洁及配套设备零件的齐全，吊运应防止碰撞墙体，模板堆放合理，保持板面不变形。

模板在使用过程中应加强管理，分规格堆放。

模板吊运就位时要平稳、准确，不得碰砸楼板及其他已施工完的部位，不得兜挂钢筋。用撬棍调整模板时，要注意保护模板下面的砂浆找平层。

拆除模板时按程序进行，禁止用大锤敲击，防止混凝土墙面及门窗洞口等处出现裂纹。

模板与墙面粘结时，禁止用塔式起重机吊拉模板，防止将墙面拉裂。

冬期施工时模板背面的保温措施应保持完好。冬期施工防止混凝土受冻，当混凝土达到规范规定拆模强度后方准拆模，否则会影响混凝土质量。

3.3.10 应急预案

1. 概况

模板工程施工极可能发生高空坠落、模板坍塌、物体打击、触电等重大事故。本预案是针对上述可能发生紧急情况的应急准备和响应。

2. 机构设置

为对可能发生的事故能够快速反应、救援，项目部成立应急救援小组。由项目经理任组长，负责事故现场指挥，统筹安排等。

3. 机构的职责

1）负责制定事故预防工作相关部门人员的应急救援工作职责。

2）负责突发事故的预防措施和各类应急救援实施的准备工作，统一对人员、材料物资等资源进行调配。

3）进行有针对性的应急救援应变演习，有计划区分任务，明确责任。

4）当发生紧急情况时，立即报告公司应急救援领导小组并及时实施救援工作，尽快控制险情蔓延，必要时，报告当地部门，取得政府及相关部门的帮助。

4. 应急救援工作程序

1）当事故发生时小组成员立即向组长汇报，由组长立即上报公司，必要时向当地政府相关部门报告，以取得政府部门的帮助。

2）由应急救援领导小组，组织项目部全体员工投入到事故应急救援抢险工作中，尽快控制险情蔓延，并配合、协助事故的处理调查工作。

3）事故发生时，组长或其他成员不在现场时，由在现场的其他组员作为临时现场救援负责人负责现场的救援指挥安排。

4）项目部指定人员负责事故的收集、统计、审核和上报工作，并确保事故报告的真实性和时效性。

5. 救援方法

（1）高空坠落应急救援方法

1）现场只有1人时应大声呼救；2人以上时，应有1人或多人去打"120"急救电话及马上报告应急救援领导小组抢救。

2）仔细观察伤员的神志是否清醒，是否有昏迷、休克等现象，并尽可能了解伤员落地的身体着地部位和着地部位的具体情况。

3）如果是头部着地，同时伴有呕吐、昏迷等症状，很可能是颅脑损伤，应该迅速送医院抢救。如发现伤者耳朵、鼻子有血液流出，千万不能用手帕、棉花或纱布去堵塞，以免造成颅内压增高或诱发细菌感染而危及伤员的生命安全。

4）如果伤员腰、背、肩部先着地，有可能造成脊柱骨折，下肢瘫痪，这时不能随意翻动，搬动时要三个人同时同一方向将伤员平直抬于木板上，不能扭转脊柱，运送时要平稳，否则会加重伤情。

5）动用最快的交通工具或其他措施，及时把伤者送往最近医院抢救，运送途中应尽量减少颠簸。同时密切注意伤者的呼吸、脉搏、血压及伤口的情况。

（2）物体打击应急救援方法

1）当物体打击伤害发生时，应尽快将伤员转移到安全地点进行包扎、止血、固定伤肢，应急处置以后及时送医院治疗。

2）止血：根据出血种类，采用加压包止血法、指压止血法、堵塞止血法和止血带止血法等。

3）对伤口包扎：以保护伤口、减少感染，压迫止血、固定骨折、扶托伤肢，减少伤痛。

4）对于头部受伤的伤员，首先应仔细观察伤员的神志是否清醒，如果有呕吐、昏迷等症状，应迅速送医院抢救，如果发现伤员耳朵、鼻子有血液流出，千万不能用手巾、棉花或纱布堵塞，因为这样可能造成颅内压增高或诱发细菌感染危及伤员的生命安全。

5）如果是轻伤，在工地简单处理后，再到医院检查；如果是重伤，应迅速送医院抢救。

（3）模板支架坍塌事故应急救援方法

1）当发生模板支架坍塌事故后，发现事故人员首先要高声呼喊，通知现场管理人员，由现场管理人员立即向急救中心"120"呼救，同时通知现场项目负责人启动应急预案。

2）不要慌张，保持镇静，注意事态的发展情况及受影响的范围，有序指挥人员疏散。在坍塌过程中不要盲目抢险，有危及用电安全的，应立刻切断电源，确认未有继续坍塌危险的情况下，要迅速进行现场清理，若有人员被砸应首先清理人员身上的材料，集中人力抢救受伤人员，最大限度地减小事故损失，防止事故进一步发展。

3）对受伤人员在现场采取切实可行的应急抢救，如包扎止血等措施，防止受伤人员流血过多；对伤员迅速送往医院，最大限度地减少人员伤亡。

4）立刻划定危险区域，并设警示标志，设专人监护，保持出入口畅通，保护事故现场。

5）按规定迅速上报有关部门并请求救援。

6）组织现场所有架子工进行倒塌架子的拆除和加固工作，防止其他架子再次倒塌。

（4）触电事故应急救援方法

1）当事故发生后现场有关人员首先要尽快使触电者脱离电源，将出事附近电源开关拉掉或将电源插头拔掉，以切断电源。

2）救护人用干燥的绝缘木棒、竹竿或布带等物将电源线从触电者身上拨离或者将触电者拨离电源；可戴上手套或在手上包缠干燥的衣服、围巾、帽子等绝缘物品拖拽触电者，使之脱离电源；如果触电者由于痉挛手指紧握导线或导线缠绕在身上，救护人可先用干燥的木板塞进触电者身下使其与地绝缘来隔断入地电流，并尽快采取其他办法把电源切断。

3）如果触电者触及断落在地上的带电高压导线，且尚未确认线路无电之前，救护人员不可进入断线落地点 8 ～ 10m 的范围内，以防止跨步电压触电。只有在确认线路已经无电，才可在触电者离开触电导线后就地急救。

4）未采取绝缘措施前，救护人员不得直接触及触电者的皮肤或潮湿的衣服，严禁救护人员直接用手推、拉和触摸触电者；救护人不得采用金属或其他绝缘性能差的物体（如潮湿木棒、布带等）作为救护工具。

5）在拉拽触电者脱离电源的过程中，救护人宜用单手操作，这样对救护人比较安全。当触电者位于高位时，应采取有效措施预防触电者在脱离电源后坠地摔伤或摔死。

6）夜间发生触电事故时，应考虑切断电源后的临时照明问题，以利救护。

7）触电者未失去知觉时应让触电者在比较干燥、通风暖和的地方静卧休息，并派人严密观察，同时请医生前来或送往医院诊治。

8）触电者已失去知觉但尚有心跳和呼吸时应使其舒适地平卧着，解开衣服以利呼吸，四周不要围人，保持空气流通，冷天应注意保暖，同时立即请医生前来或送往医院诊治。若发现触电者呼吸困难或心跳失常，应立即施行人工呼吸或胸外心脏挤压。

9）立即报告现场负责人，采取有效措施防止事故扩大和保护现场。

6. 应急结束

在事故现场实施应急救援预案后，引起事故的危险源得到有效控制、消除，所有现场人员均得到清点，不存在其他影响应急救援预案终止的因素，导致次生、衍生事故隐患彻底消除后，由现场项目负责人宣布应急状态结束。

7. 信息发布

项目部办公室为事故信息收集和发布的组织机构。项目部办公室应对事故的处理、控制、进展、升级等情况进行信息收集，有针对性定期和不定期地向外界及内部如实地通报，向内部报道主要是向项目部各班组、公司的通报等，外部报道主要是向业主、监理等单位的通报。

8. 后期处置

1）善后处理。由项目部按照职责和工作内容进行妥善处理。

2）调查、总结。由有关事故调查组按照职责和工作内容对事故进行调查处理，并写出书面总结上报。

3.4 脚手架施工方案编制

3.4.1 工程概况

本工程为河南省某地人民医院新建病房楼工程，位于市中心地段。本工程由22层的主楼、5层的裙楼、2层的地下室组成，包括护理单元、部分医技科室、手术室、重症监护室、血库、中心药房、病案库、设备机房等，是一栋功能复杂、规模庞大的医疗建筑。结构类型为框剪结构，建筑高度90.6m，总建筑面积为118600m²，其中地上建筑面积为97872.7m²，地下室建筑面积为20727.3m²。

外脚手架情况：由于本工程现场施工场地狭小，结构外墙复杂，根据现场情况，外脚手架的施工分两步进行：四层顶板以下采用扣件式双排落地式钢管脚手架，操作层采用竹笆满铺，从主体结构五层楼面以上搭设双排悬挑式钢管脚手架。悬挑脚手架采用工字钢外挑形式，钢管采用φ48×3.5钢管，扣件采用钢扣件，操作层采用竹笆满铺，底部脚手板采用50mm厚木跳板，工字钢选用I16工字钢。

一至四层采用落地式双排脚手架，立杆下面穿铁鞋并铺垫木脚手板，立杆纵距为1.5m，立杆横距为0.85m，水平杆竖向步高为1.8m，操作层满铺竹笆。外侧设置剪刀撑，内侧与结构做可靠刚性拉结。该部分脚手架最大高度为24m，不需要进行稳定验算，严格按照《建筑施工扣件式钢管脚手架安全技术规范》（JGJ 130—2011）搭设。

根据实际情况，高层结构悬挑架分别在五层、十一层、十七层楼面分三次悬挑，最大悬挑高度22.8m。悬挑脚手架的搭设高度经计算满足要求。悬挑梁为16号工字钢，每根工字钢用钢丝绳斜拉到上层楼板的预埋锚环上。脚手架步高为1.8m，立杆纵距最大取1.5m，立杆横距（立杆中心距）为0.85m。外侧按有关规定设置剪刀撑，连墙点采用短钢管双扣件刚性连接，连墙件数量按两步三跨设置。外面满挂密目安全网。

3.4.2 编制依据

1）施工组织设计。

2）《建筑施工扣件式钢管脚手架安全技术规范》（JGJ 130—2011）。

3）《建筑施工高处作业安全技术规范》（JGJ 80—2016）。

4）《建筑施工安全检查标准》（JGJ 59—2011）。

5）中国建筑工业出版社出版的《建筑施工手册》（第四版）。

6）本工程建施图和结施图。

7）本企业同类工程施工经验和技术资料。

8）《建设工程安全生产文明施工现场管理标准图集》。

9）《悬挑式脚手架安全技术规程》（DG/T J08—2002—2006）。

3.4.3 材料选择及质量要求

1）钢管：采用外径 ϕ48mm、壁厚 3.5mm 的钢管。钢管端部切口平整，严禁使用有严重锈蚀、弯曲、压扁或裂纹的钢管。

2）用于立杆、大横杆、剪刀撑和斜杆的钢管长度应为 4～6m，其质量不超过 25kg。

3）钢管材质宜使用力学性能适中的 Q235 钢，其材质应符合《碳素结构钢》（GB/T 700—2006）中的相应规定。

4）扣件：本工程脚手架扣件共采用十字扣件、旋转扣件和对接扣件三种。

5）应使用与钢管管径相匹配的扣件，以保证二者的贴合面紧密严实，扣紧时接触良好，保证扣件与钢管间的摩擦力。

6）严禁使用有脆裂变形、滑丝、锈蚀等的扣件，禁止使用未经检验或加工不合格的扣件。

7）扣件的活动部分应能灵活转动，旋转扣件的两旋转面间隙小于 1mm。

8）扣件质量应符合现行国家标准《钢管脚手架扣件》（GB 15831—2006）的规定。

9）底部脚手板采用 50mm 厚木跳板，禁止使用有腐朽、断裂等缺陷的脚手板。

10）其他辅助材料：用于绑扎、连接、围护和固定等作用的其他材料，如镀锌钢丝、密目安全网、大眼安全网、立杆下部的垫板等都必须符合相应的国家标准或行业标准的规定，以确保施工的正常使用和安全可靠性。

11）搭设前对进场的脚手架杆件或配件（新、旧材料）进行严格检查，符合要求的才能使用。

12）所有材料必须满足搭设的要求，做到材料准备充足。

13）施工前，项目部应组织相关部门对进场材料的质量和数量验收合格后方可用于施工。

14）所有外排立杆、水平杆（大横杆和中栏杆）均刷红白相间油漆。

3.4.4 脚手架搭设要求

操作工艺流程如图 3-14、图 3-15 所示。

1）脚手架必须配合施工进度搭设，一次搭设高度不应超过相邻连墙件以上二步。

2）立杆必须采用对接，相邻立杆的对接扣件不得在同一步内，同步内隔一根立杆的两个相隔接头在高度方向错开的距离不小于 500mm，各接头中心至主节点的距离不宜大于步距的 1/3。剪刀撑采用搭接时，搭接长度不应小于 1m，且应采用不少于 3 个扣件。同一排大横杆的水平偏差不大于该片脚手架总长度的 1/250，且不大于 50mm。中间用于铺竹笆的两根大横杆搭于小横杆之上并用直角扣件扣紧。在任何情况下，均不得拆除作为基本结构杆件的小横杆。当搭设至有连墙件的构造点时，在搭设完该处的立杆、纵向水平杆、横向水平杆后，应立即设置连墙件。

3）脚手架必须设置扫地杆，扫地杆应采用扣件固定在距底座上不大于 200mm 处的立杆上。

4）脚手架连墙件采用短钢管与建筑物刚性连接，应从底层第一步纵向水平杆开始设置。

①连墙件原则上按 2 步 3 跨进行设计，实际施工时，连墙件竖向设置应根据每层楼层高度适当调整，在楼层处统一设置一道连墙件。连墙件预埋在结构梁板混凝土中，如墙角无法预埋时，采用抱柱子的拉结方式或预埋在混凝土墙板中。连墙件横向不大于 3 个立杆间距（即水平间距 4.5m，竖向间距为层高 3.8m），梅花形布置。

②连墙件的布置应符合下列规定：尽量靠近主节点设置，从底层第一步架开始设置，采用钢管与建筑物可靠连接，连墙件节点采用硬拉方式如图 3-16 所示。

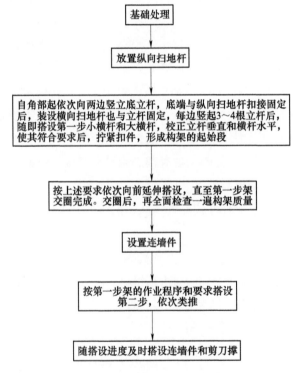

图 3-14　落地式脚手架操作流程

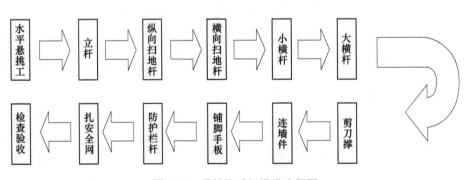

图 3-15　悬挑脚手架搭设流程图

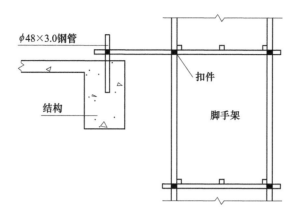

图 3-16 外脚手架刚性连接示意

③连墙件的构造应符合下列规定：连墙件中的连墙杆呈水平设置，当不能水平设置时，与脚手架连接的一端下斜连接。

④外墙装饰阶段拉结点，也须满足上述要求，确因施工需要除去原拉结点时，必须重新补设可靠有效的临时拉结，以确保外架安全可靠。

5）剪刀撑在脚手架外侧立面整个长度和高度上连续设置，每道剪刀撑宽度按跨越 5 根立杆施工，斜杆与地面的倾角按 60° 进行搭设。剪刀撑斜杆的接长应采用搭接，搭接长度不应小于 1m，且应采用不少于 3 个扣件。

6）扣件规格应与钢管相对应，螺栓拧紧扭力矩应不小于 40N·m，且不大于 65N·m。

7）挡脚板应设置在外立杆内侧，挡脚板高度为 200mm。挡脚板在每一悬挑层设置。

8）作业层采用竹笆满铺，用直径 3.2mm 的镀锌钢丝固定在支撑杆件上，在每次悬挑底层位置采用 50mm 厚木板作脚手板。

9）每一悬挑层用脚手板做封闭防护，且脚手板下设一道兜网软防护，沿脚手架高度方向上每不超过 10m 设一道兜网软防护。

3.4.5 脚手架的拆除

1）脚手架拆除流程如图 3-17 所示。

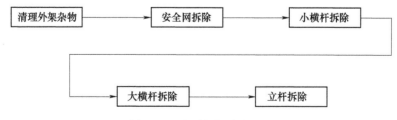

图 3-17 脚手架拆除流程图

2）脚手架拆除要求：

①应全面检查脚手架的扣件连接、连墙件、支撑体系等是否符合构造要求。

②拆除前应对操作工进行安全技术交底。

③清理脚手架上的杂物及地面障碍物。

④拆除作业必须由上而下逐层进行，严禁上下同时作业。

⑤连墙件必须随脚手架逐层拆除，严禁先将连墙件整层或数层拆除后再拆除脚手架，分段拆除高差不应大于2步，如大于2步应增设连墙件加固。

⑥当脚手架拆至下部最后一根长立杆的高度时，应先在适当位置搭设临时抛撑加固后，再拆除连墙件。

⑦当脚手架采取分段、分立面拆除时，对不拆除的脚手架两端，应先按有关规定设置连墙件和横向斜撑加固。

⑧各构配件严禁抛至楼地面，运至地面的构配件应及时检查、整修保养，并按品种、规格码放整齐。

3.4.6 脚手架搭设安全技术措施

1）技术负责人应按照施工组织设计及本方案的要求向架设和使用人员进行交底。

2）按照要求对使用的钢管、扣件、脚手板、密目网等材料逐一进行校验，不合格的材料不得使用。钢管和扣件必须除锈。

3）经检验合格的构配件应按品种、规格分类、整齐平稳堆放，场地不得有积水。

4）基础必须分层夯实，每层厚度不得大于300mm；以保证脚手架底板高于自然地面；保证排水畅通。

5）脚手架配合施工进度搭设，一次搭设高度不得超过连墙件以上两步。

6）每搭设一步架后，校正步距、纵距、横距以及立杆垂直度。

7）立杆必须对接，相邻立杆的对接不应设在同步内，同步内隔一根立杆的两个接头在高度方向错开的距离不得小于500mm；各接头的中心至主节点的距离不应大于步距的三分之一，即600mm。

8）开始搭设立杆时，每隔6跨设置一道抛横撑，直至连墙件安装稳定后，方可根据情况拆除。

9）当搭设至有连墙件的构造节点时，在搭设完该处的立杆、纵向水平杆、横向水平杆后，应立即设置连墙件。在使用期间不得拆除连墙件。

10）纵向水平杆交圈设置，用直角扣件与内外角部立杆固定。

11）按照规范要求设置剪刀撑、横向斜撑的搭设应和立杆、横向水平杆、纵向水平杆同步搭设，底层斜杆下端必须支撑在垫板上。剪刀撑钢管应用旋转扣件固定在与之相交的横向水平杆伸出端或立杆上，钢管接长应搭接，搭接长度不应小于1000mm，用不少于两个扣件。

12）扣件规格与钢管一致，对接扣件开口朝上或朝下，各杆件端头伸出扣件盖板边缘长度应不小于100mm。

13）栏杆和挡脚板均设在外立杆的内侧，设一道栏杆，上皮在 1000mm 处。挡脚板为高 180mm 的木板。

14）脚手板满铺稳铺，对接平铺，在脚手板接头部位加绑一道小横杆，探头用镀锌钢线有效固定。每块脚手板外伸长度不大于 300mm。如搭接接头必须支在小横杆上，搭接长度应大于 200mm，伸出小横杆的长度大于 100mm。

15）在拐角处或斜道平台处的脚手板与水平杆可靠固定，防止滑动。

16）安全网应挂设严密，不得漏眼绑扎，两网连接处应绑在同一横杆上。作业层下建筑物与架子之间应挂平网封闭。

17）脚手架搭设人员必须持证上岗，作业时必须戴安全帽、绑安全带、穿防滑鞋。六级及六级以上大风及雨、雪、雾天气时应该停止施工作业。

18）脚手架必须经有关人员验收后方可使用。作业层上的施工荷载应符合本方案的要求；一层作业，不得超载，除手头工具不得在架子上堆放其他工具和材料。不得将模板支架、混凝土输送管、接料台等固定在架子上。

19）脚手架应定期维护检查。风、雨、雪停工后复工均应检查后再用。在雨、雪后上架子应采取防滑措施。应定期检查立杆的下沉及倾斜度。

20）脚手架要设可靠的避雷装置及接地措施。

3.4.7 脚手架的检查与验收

1. 脚手架搭设质量的检查验收规定

1）构架结构符合前述的规定和设计要求。

2）节点的连接可靠。其中扣件的拧紧程度应控制在扭力距达到 40 ～ 60N·m。

3）钢脚手架立杆垂直度应≤ 1/300，且应同时控制其最大垂直偏差值，当架高≤ 20m 时为不大于 50mm；当架高 >20m 时，为不大于 75mm。

4）纵向钢平杆的水平偏差应≤ 1/250，且全架长的水平偏差值不大于 50mm。

5）作业层铺板、安全防护措施等应符合上述的要求。

6）特殊部位的处理按技术措施及有关图样要求。

7）脚手架的验收和日常检查按以下几点规定进行，检查合格后，方准投入使用或继续使用：

① 搭设完毕后。

② 连续使用达到 6 个月。

③ 施工中途停止使用超过 15 天，在重新使用前。

④ 在遭受暴风、大雨、大雪、地震等强力因素作用之后。

⑤ 使用过程中，发现变形、沉降、拆除杆件和拉结以及安全隐患存在的情况时。

2. 脚手架的使用规定

1）作业层每 1m² 架面上使用的施工荷载（人员、材料和机具），结构施工期间施工荷载标准值为 3kN/m²。

2）在架板上堆放的标准砖不得多于单排立码 3 层；砂浆和容器总重不得大于 1.5kN；施工设备单重不得大于 1kN，使用人力在架上搬运和安装的构件的自重不得大于 2.5kN。

3）在架面上设置的材料码放整齐稳固，不影响施工操作人员的操作。按通行手推车要求搭设的脚手架确保车道畅通。严禁上架人员在架面上奔跑、退行或倒退拉车。

4）作业人员在架上的最大作业高度应以可进行正常操作为度，禁止在架板上加垫器物或单块脚手板以增加操作高度。

5）在作业中，禁止随意拆除脚手架的基本构件杆件、整体性杆件、连接紧固件和边墙件。

6）工人在架上作业中，应注意自我安全保护和他人的安全，避免发生碰撞、闪失和落物。严禁在架上戏闹和坐在栏杆上等不安全处休息。

7）人员上下脚手架必须走设安全防护的出入通（梯）道，严禁攀援脚手架上下。

8）每班工人上架作业时，应先行检查有无影响安全作业的问题存在，在排除和解决后方许开始作业。在作业中发现有不安全的情况和迹象时，应立即停止作业进行检查，解决后才能恢复正常作业。

9）在每步架的作业完成之后，必须将架上剩余材料物品移至上（下）步架或室内；每日收工前应清理架面。在任何情况下，严禁自架上向下抛掷材料物品和倾倒垃圾。

3.4.8 脚手架的计算

型钢悬挑扣件式钢管脚手架的计算依据《建筑施工扣件式钢管脚手架安全技术规范》（JGJ 130—2011）、《建筑结构荷载规范》（GB 50009—2012）、《钢结构设计标准》（GB 50017—2017）等规范进行。

1. 参数信息

1）脚手架参数：

双排脚手架搭设高度为 25m，立杆采用单立管。

搭设尺寸为：立杆的横距为 0.85m，立杆的纵距为 1.5m，大小横杆的步距为 1.8m（图 3-18、图 3-19）。

内排架距离墙长度为 0.30m。

大横杆在上，搭接在小横杆上的大横杆根数为 2 根。

采用的钢管类型为 φ48×3.0。

横杆与立杆连接方式为单扣件；取扣件抗滑承载力系数为 0.80。

连墙件采用两步三跨，竖向间距 3.6m，水平间距 4.5m，采用扣件连接。

连墙件连接方式为双扣件。

2）活荷载参数：

施工均布活荷载标准值：3.000kN/m²；脚手架用途：结构脚手架。

同时施工层数：2 层。

3）风荷载参数：

本工程地处河南郑州市，基本风压 0.45kN/m²。

风荷载高度变化系数 μ_z 为 0.92，风荷载体型系数 μ_s 为 1.13。

脚手架计算中考虑风荷载作用。

4）静荷载参数：

立杆承受的结构自重标准值：0.1248kN/m。

脚手板自重标准值：0.300kN/m²；栏杆挡脚板自重标准值：0.140kN/m。

安全设施与安全网：0.005kN/m²；

脚手板类别：竹笆片脚手板；栏杆挡板类别：栏杆、竹夹板挡板。

每米脚手架钢管自重标准值：0.033kN/m。

脚手板铺设总层数：4。

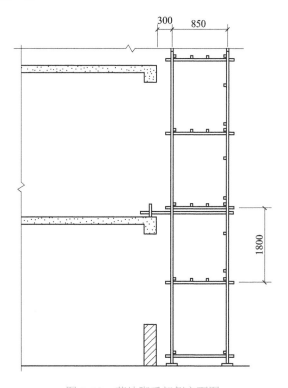

图 3-18　落地脚手架侧立面图

建筑工程施工组织设计

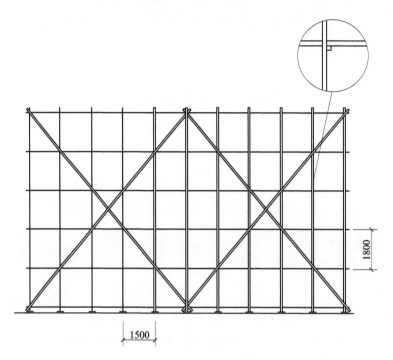

图 3-19　单立杆落地脚手架正立面图

2．大横杆的计算

按照《建筑施工扣件式钢管脚手架安全技术规范》（JGJ 130—2011）规定，大横杆按照三跨连续梁进行强度和挠度计算，大横杆在小横杆的上面。将大横杆上面的脚手板自重和施工活荷载作为均布荷载计算大横杆的最大弯矩和变形。

1）均布荷载值计算：

大横杆的自重标准值：p_1=0.033kN/m。

脚手板的自重标准值：p_2=0.3×0.85/（2+1）kN/m=0.085kN/m。

活荷载标准值：Q=3×0.85/（2+1）kN/m=0.85kN/m。

静荷载的设计值：q_1=（1.2×0.033+1.2×0.085）kN/m=0.142kN/m。

活荷载的设计值：q_2=1.4×0.85kN/m=1.19kN/m。

2）强度验算。跨中和支座最大弯矩分别按图 3-20、图 3-21 组合。

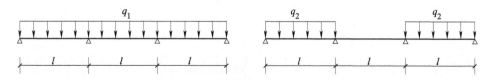

图 3-20　大横杆设计荷载组合简图（跨中最大弯矩和跨中最大挠度）

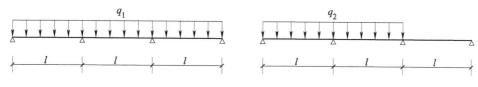

图 3-21　大横杆设计荷载组合简图（支座最大弯矩）

跨中最大弯矩计算公式如下：

$$M_{1max}=0.08q_1l^2+0.10q_2l^2$$

跨中最大弯矩为 M_{1max}=（0.08×0.142×1.5^2+0.10×1.19×1.5^2）kN·m=0.293kN·m

支座最大弯矩计算公式如下：

$$M_{2max}=-0.10q_1l^2-0.117q_2l^2$$

支座最大弯矩为（M_{2max}=-0.10×0.142×1.5^2-0.117×1.19×1.5^2）kN·m=-0.345kN·m

选择支座弯矩和跨中弯矩的最大值进行强度验算：

σ =Max（0.293×10^6，0.345×10^6）/4490N/mm^2=76.837N/mm^2

大横杆的最大弯曲应力为 σ=76.837N/mm^2 小于大横杆的抗压强度设计值 [f]=205N/mm^2，满足要求。

3）挠度验算。最大挠度考虑为三跨连续梁均布荷载作用下的挠度。

计算公式如下：

$$v_{max}=0.677\frac{q_1l^4}{100EI}+0.990\frac{q_2l^4}{100EI}$$

其中：静荷载标准值：q_1=p_1+p_2=（0.033+0.085）kN/m=0.118kN/m

活荷载标准值：q_2=Q=0.85kN/m

最大挠度计算值为

v=[0.677×0.118×1500^4/（100×2.06×10^5×107800）+0.990×0.85×1500^4/（100×2.06×10^5×107800）]mm=2.101mm

大横杆的最大挠度 2.101mm 小于大横杆的最大容许挠度 1500/150mm 与 10mm，满足要求。

3．小横杆的计算

根据《建筑施工扣件式钢管脚手架安全技术规范》（JGJ 130—2011）规定，小横杆按照简支梁进行强度和挠度计算，大横杆在小横杆的上面。用大横杆支座的最大反力计算值作为小横杆集中荷载，在最不利荷载布置下计算小横杆的最大弯矩和变形。

1）荷载值计算：

大横杆的自重标准值：p_1=0.033×1.5kN=0.05kN

脚手板的自重标准值：p_2=0.3×0.85×1.5/（2+1）kN=0.128kN

活荷载标准值：$Q=3\times0.85\times1.5/(2+1)kN=1.275$kN

集中荷载的设计值：$P=[1.2\times(0.05+0.128)+1.4\times1.275]kN=1.998$kN

2）强度验算：

最大弯矩考虑为小横杆自重均布荷载与大横杆传递荷载的标准值最不利分配的弯矩和。

均布荷载最大弯矩计算公式如下：

$$M_{q\max}=\frac{ql^2}{8}$$

$M_{q\max}=(1.2\times0.033\times0.85^2/8)$kN·m$=0.004$kN·m

集中荷载最大弯矩计算公式如下（图3-22）：

$$M_{P\max}=\frac{Pl}{3}$$

$M_{P\max}=(1.998\times0.85/3)$kN·m$=0.566$kN·m

最大弯矩 $M=M_{q\max}+M_{P\max}=0.57$kN·m

最大应力计算值 $\sigma=M/W=0.57\times10^6/4490N/mm^2=126.95$N/mm^2

小横杆的最大弯曲应力 $\sigma=126.95$N/mm^2 小于小横杆的抗压强度设计值 205N/mm^2，满足要求。

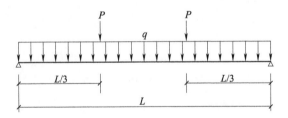

图3-22　小横杆计算简图

3）挠度验算：

最大挠度考虑为小横杆自重均布荷载与大横杆传递荷载的设计值最不利分配的挠度和。

小横杆自重均布荷载引起的最大挠度计算公式如下：

$$v_{q\max}=\frac{5ql^4}{384EI}$$

$v_{q\max}=5\times0.033\times850^4/(384\times2.06\times10^5\times107800)mm=0.01$mm

大横杆传递荷载 $P=p_1+p_2+Q=(0.05+0.128+1.275)kN=1.453$kN

集中荷载标准值最不利分配引起的最大挠度计算公式如下：

$$v_{P\max}=\frac{Pl(3l^2-4l^2/9)}{72EI}$$

$v_{P\max}=1453\times850\times(3\times850^2-4\times850^2/9)/(72\times2.06\times10^5\times107800)mm=1.426$mm

最大挠度和 $\nu=\nu_{q\max}+\nu_{P\max}=(0.01+1.426)\,\text{mm}=1.436\text{mm}$

小横杆的最大挠度为 1.436mm 小于小横杆的最大容许挠度 850/150mm=5.667mm 与 10mm，满足要求。

4. 扣件抗滑力的计算

直角、旋转单扣件承载力取值为 8.00kN，按照扣件抗滑承载力系数 0.80，该工程实际的旋转单扣件承载力取值为 6.40kN。

纵向或横向水平杆与立杆连接时，扣件的抗滑承载力按照下式计算：

$$R \leqslant R_{\text{c}}$$

式中　R_{c}——扣件抗滑承载力设计值，取 6.40kN；

　　　R——纵向或横向水平杆传给立杆的竖向作用力设计值。

大横杆的自重标准值：$p_1=(0.033\times1.5\times2/2)\,\text{kN}=0.05\text{kN}$

小横杆的自重标准值：$p_2=(0.033\times0.85/2)\,\text{kN}=0.014\text{kN}$

脚手板的自重标准值：$p_3=(0.3\times0.85\times1.5/2)\,\text{kN}=0.191\text{kN}$

活荷载标准值：$Q=(3\times0.85\times1.5/2)\,\text{kN}=1.912\text{kN}$

荷载的设计值：$R=[1.2\times(0.05+0.014+0.191)+1.4\times1.912]\,\text{kN}=2.983\text{kN}$

$R<6.40\text{kN}$，单扣件抗滑承载力的设计计算满足要求。

5. 脚手架立杆荷载计算

作用于脚手架的荷载包括静荷载、活荷载和风荷载。静荷载标准值包括以下内容：

1）立杆承受的结构自重标准值为 0.1248kN/m：

$N_{G1}=[0.1248+(1.50\times2/2)\times0.033/1.80]\times25\text{kN}=3.808\text{kN}$

2）脚手板采用竹笆片脚手板，自动标准值为 0.3kN/m²：

$N_{G2}=[0.3\times4\times1.5\times(0.85+0.3)/2]\,\text{kN}=1.035\text{kN}$

3）栏杆与挡脚手板采用栏杆、竹夹板挡板，自重标准值为 0.14kN/m：

$N_{G3}=(0.14\times4\times1.5/2)\,\text{kN}=0.42\text{kN}$

4）吊挂的安全设施荷载（包括安全网）为 0.005kN/m²：

$N_{G4}=(0.005\times1.5\times25)\,\text{kN}=0.188\text{kN}$

经计算得到，静荷载标准值

$N_G=N_{G1}+N_{G2}+N_{G3}+N_{G4}=5.451\text{kN}$

活荷载为施工荷载标准值产生的轴向力总和，立杆按一纵距内施工荷载总和的 1/2 取值。

经计算得到，活荷载标准值

$N_Q=(3\times0.85\times1.5\times2/2)\,\text{kN}=3.825\text{kN}$

风荷载标准值按照以下公式计算：

$$W_k=0.7U_zU_sW_0$$

式中　W_0——基本风压（kN/m^2），按照《建筑结构荷载规范》（GB 50009—2012）的规定

采用：$W_0=0.45kN/m^2$；

U_z——风荷载高度变化系数，按照《建筑结构荷载规范》（GB 50009—2012）的规定

采用：$U_z=0.92$；

U_s——风荷载体型系数：取值为 1.128。

经计算得到，风荷载标准值

$W_k=0.7×0.45×0.92×1.128kN/m^2=0.327kN/m^2$

不考虑风荷载时，立杆的轴向压力设计值计算公式

$N=1.2N_G+1.4N_Q=（1.2×5.451+1.4×3.825）kN=11.896kN$

考虑风荷载时，立杆的轴向压力设计值为

$N=1.2N_G+0.85×1.4N_Q=（1.2×5.451+0.85×1.4×3.825）kN=11.093kN$

风荷载设计值产生的立杆段弯矩 M_W 为

$M_W=0.85×1.4W_kL_ah^2/10=（0.850×1.4×0.327×1.5×1.8^2/10）kN·m=0.189kN·m$

6. 立杆的稳定性计算

不考虑风荷载时，立杆的稳定性计算公式为

$$\sigma=\frac{N}{\phi A}\leqslant[f]$$

立杆的轴向压力设计值：$N=11.902kN$。

计算立杆的截面回转半径：$i=1.59cm$。

计算长度附加系数参照《建筑施工扣件式钢管脚手架安全技术规范》（JGJ 130—2011）

表 5.3.4 得：$k=1.155$；当验算杆件长细比时，取 $k=1.0$。

计算长度系数参照《建筑施工扣件式钢管脚手架安全技术规范》（JGJ 130—2011）附录 C

表 C-1 得：$\mu=1.5$。

计算长度，由公式 $l_0=k\mu h$ 确定：$l_0=3.118m$。

长细比 $l_0/i=196$。

轴心受压立杆的稳定系数 ϕ，由长细比 l_0/i 的计算结果查表得到：$\phi=0.188$。

立杆净截面面积：$A=4.24cm^2$。

立杆净截面模量（抵抗矩）：$W=4.49cm^3$。

钢管立杆抗压强度设计值：$[f]=205N/mm^2$。

$\sigma=11902/（0.188×424）=149.313N/mm^2$

立杆稳定性计算 σ=149.313N/mm^2 小于立杆的抗压强度设计值 [f]=205N/mm^2，满足要求。

考虑风荷载时，立杆的稳定性计算公式

$$\sigma = \frac{N}{\phi A} + \frac{M_W}{W} \leqslant [f]$$

立杆的轴心压力设计值：N=11.099kN。

计算立杆的截面回转半径：i=1.59cm。

计算长度附加系数参照《建筑施工扣件式钢管脚手架安全技术规范》（JGJ 130—2011）表 5.3.4 得：k=1.155。

计算长度系数参照《建筑施工扣件式钢管脚手架安全技术规范》（JGJ 130—2011）附录 C 表 C-1 得：μ=1.5。

计算长度，由公式 $l_0=k\mu h$ 确定：l_0=3.118m。

长细比：l_0/i=196。

轴心受压立杆的稳定系数 ϕ，由长细比 l_0/i 的结果查表得到：ϕ=0.188。

立杆净截面面积：A=4.24cm^2。

立杆净截面模量（抵抗矩）：W=4.49cm^3。

钢管立杆抗压强度设计值：[f]=205N/mm^2。

σ=[11099/（0.188×424）+189000/4490]N/mm^2=181.332N/mm^2

立杆稳定性计算 σ=181.332N/mm^2 小于立杆的抗压强度设计值 [f]=205N/mm^2，满足要求。

7. 最大搭设高度的计算

不考虑风荷载时，采用单立管的敞开式、全封闭和半封闭的脚手架可搭设高度按照下式计算：

$$H_s = \frac{\phi Af - (1.2N_{G2k} + 1.4\sum N_{Qk})}{1.2g_k}$$

构配件自重标准值产生的轴向力 N_{G2k}（kN）计算公式为

$N_{G2k} = N_{G2} + N_{G3} + N_{G4} = 1.643$kN

活荷载标准值：N_Q=3.825kN。

立杆承受的结构自重标准值：g_k=0.125kN/m

H_s=[0.188×4.24×10^{-4}×205×10^3－（1.2×1.643+1.4×3.825）]/（1.2×0.125）m=60.096m

脚手架搭设高度 H_s 等于或大于 26m，按照下式调整且不超过 50m：

$$[H] = \frac{H_s}{1 + 0.001H_s}$$

[H]=60.096/（1+0.001×60.096）m=56.689m

[H]=56.689m 和 50m 比较取较小值。经计算得到，脚手架搭设高度限值 [H]=50m。

脚手架单立杆搭设高度为 25m，小于 [H]，满足要求。

考虑风荷载时，采用单立管的敞开式、全封闭和半封闭的脚手架可搭设高度按照下式计算：

$$H_s = \frac{\phi Af - [1.2N_{G2k} + 0.85 \times 1.4(\sum N_{Qk} + \frac{M_{Wk}}{W}\phi A)]}{1.2g_k}$$

构配件自重标准值产生的轴向力 N_{G2k}（kN）计算公式为

$N_{G2k} = N_{G2} + N_{G3} + N_{G4} = 1.643$kN

活荷载标准值：$N_Q = 3.825$kN

立杆承受的结构自重标准值：$g_k = 0.125$kN/m

计算立杆段由风荷载标准值产生的弯矩：$M_{Wk} = M_W/(1.4 \times 0.85) = [0.189/(1.4 \times 0.85)]$kN·m = 0.159kN·m

$H_s = \{0.188 \times 4.24 \times 10^{-4} \times 205 \times 10^3 - [1.2 \times 1.643 + 0.85 \times 1.4 \times (3.825 + 0.188 \times 4.24 \times 100 \times 0.159/4.49)]\}/(1.2 \times 0.125)$m = 43.057m

脚手架搭设高度 H_s 等于或大于 26m，按照下式调整且不超过 50m：

$$[H] = \frac{H_s}{1 + 0.001H_s}$$

$[H] = 43.057/(1 + 0.001 \times 43.057)$m = 41.280m

$[H] = 41.280$m 和 50m 比较取较小值。经计算得到，脚手架搭设高度限值 $[H] = 41.280$m。

脚手架单立杆搭设高度为 25m，小于 [H]，满足要求。

8. 连墙件的稳定性计算

连墙件的轴向力设计值应按照下式计算：

$$N_l = N_{lw} + N_0$$

风荷载标准值 $W_k = 0.327$kN/m²。

每个连墙件的覆盖面积内脚手架外侧的迎风面积 $A_w = 16.2$m²。

连墙件约束脚手架平面外变形所产生的轴向力 $N_0 = 5.000$kN。

风荷载产生的连墙件轴向力设计值（kN），按照下式计算：

$N_{lw} = 1.4W_k A_w = 7.416$kN

连墙件的轴向力设计值 $N_l = N_{lw} + N_0 = 12.416$kN。

连墙件承载力设计值按下式计算：

$$N_f = \phi A[f]$$

式中　ϕ——轴心受压立杆的稳定系数。

由长细比 $l/i=300/15.9$ 的结果查表得到 $\phi=0.949$，l 为内排架距离墙的长度；

又：$A=4.24\text{cm}^2$；$[f]=205\text{N/mm}^2$；连墙件轴向承载力设计值为 $N_f=0.949\times4.24\times10^{-4}\times205\times10^3\text{kN}=82.487\text{kN}$

$N_l=12.416\text{kN}<N_f=82.487\text{kN}$，连墙件的设计计算满足要求。

连墙件采用双扣件与墙体连接（图 3-23）。

由以上计算得到 $N_l=12.416\text{kN}$ 小于双扣件的抗滑力 12.8kN，满足要求。

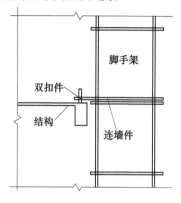

图 3-23 连墙件双扣件连接示意图

9. 立杆的地基承载力计算

地基承载力设计值：

条件：长度 $a=800\text{mm}$，宽度 $b=300\text{mm}$，板厚 $h_o=120\text{mm}$，混凝土强度等级为 C30，$f_c=14.3\text{N/mm}^2$，$f_t=1.43\text{N/mm}$。

1）局部抗压计算，如图 3-24 所示。

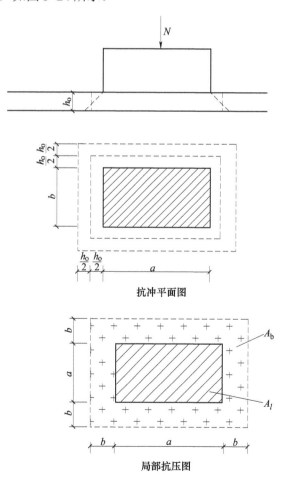

抗冲平面图

局部抗压图

图 3-24 局部抗冲、抗压图

$A_b=3b(2b+a)=3\times300\times(2\times300+800)mm^2=1260000mm^2$

$A_l=ab=800\times300mm^2=240000mm^2$

$\beta_l=\sqrt{(A_b/A_l)}=\sqrt{(1260000/240000)}=2.29$

$1.35\beta_c\beta_lf_cA_l=1.35\times1\times2.29\times14.3\times240000N=10610028N$

$F=12kN=12000N\leqslant1.35\beta_c\beta_lf_cA_l$

满足要求。

2）抗冲切计算：

$\beta_s=a/b=800/300=2.67$

$\eta=0.4+1.2/\beta_s=0.4+1.2/2.67=0.85$

$h<800mm$ 取 $\beta_h=0.9$

$U_m=2[(a+h_o)+(b+h_o)]=2\times[(800+120)+(300+120)]mm$
    $=2680mm$

$0.7\beta_hf_t\eta U_mh_o=0.7\times1\times1.43\times0.85\times2680\times120N=273633N$

$F=12kN=12000N\leqslant0.7\beta_hf_t\eta U_mh_o$

满足要求。

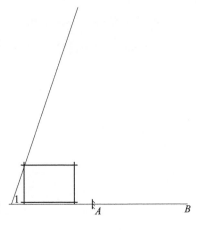

10．悬挑脚手架的水平钢梁按照带悬臂的连续梁计算

悬臂部分受脚手架荷载 N 的作用，里端 B 为与楼板的锚固点，A 为墙支点（图3-25）。

图3-25 悬挑脚手架示意图

本方案中，脚手架排距为850mm，内排脚手架距离墙体300mm，支拉斜杆的支点距离墙体为1350mm（图3-26）。

水平支撑梁的截面惯性矩 $I=1130\ cm^4$，截面抵抗矩 $W=141cm^3$，截面积 $A=26.1cm^2$。

受脚手架集中荷载 $N=(1.2\times5.456+1.4\times3.825)kN=11.902kN$

水平钢梁自重荷载 $q=1.2\times26.1\times0.0001\times78.5kN/m=0.246kN/m$

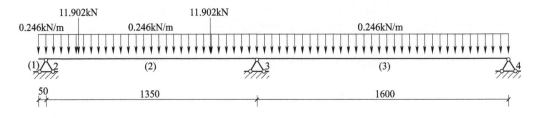

图3-26 悬挑脚手架计算简图

经过连续梁的计算得到图3-27～图3-29。

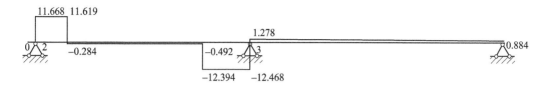

图 3-27 悬挑脚手架支撑梁剪力图（单位：kN）

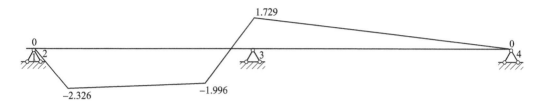

图 3-28 悬挑脚手架支撑梁弯矩图（单位：kN·m）

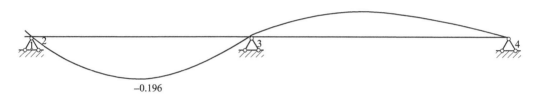

图 3-29 悬挑脚手架支撑梁变形图（单位：mm）

各支座对支撑梁的支撑反力由左至右分别为

$R[1]$=11.668kN；

$R[2]$=13.746kN；

$R[3]$=−0.884kN。

最大弯矩 M_{max}=2.326kN·m

最大应力 σ=M/1.05W+N/A=[2.326×10⁶/（1.05×141000）+11.902×10³/2610]N/mm²=20.271N/mm²

水平支撑梁的最大应力计算值20.271N/mm²小于水平支撑梁的抗压强度设计值215N/mm²，满足要求。

11．悬挑梁的整体稳定性计算

水平钢梁采用 16 号工字钢，计算公式如下：

$$\sigma = \frac{M}{\phi_b W_x} \leqslant [f]$$

式中 ϕ_b——均匀弯曲的受弯构件整体稳定系数，按照下式计算：

$$\phi_b = \frac{570tb}{lh} \cdot \frac{235}{f_y}$$

$$\phi_b = 570 \times 9.9 \times 88 \times 235 / (1350 \times 160 \times 235) = 2.3$$

由于 ϕ_b 大于 0.6，查《钢结构设计标准》（GB 50017—2017）附表 C，得到 ϕ_b 值为 0.947。

经过计算得到最大应力 $\sigma = 2.326 \times 10^6 / (0.947 \times 141000)$ N/mm² = 17.420N/mm²

水平钢梁的稳定性计算 $\sigma = 17.420$ N/mm² 小于 $[f] = 215$ N/mm²，满足要求。

12．拉绳的受力计算

水平钢梁的轴力 R_{AH} 和拉钢绳的轴力 R_{Ui} 按照下面计算：

$$R_{AH} = \sum_{i=1}^{n} R_{Ui} \cos\theta_i$$

式中　$R_{Ui}\cos\theta_i$——钢绳的拉力对水平杆产生的轴压力。

各支点的支撑力 $R_{Ci} = R_{Ui}\sin\theta_i$

$R_{U1} = 12.36$kN；

拉绳的强度计算：

钢丝拉绳（支杆）的内力计算：

钢丝拉绳（斜拉杆）的轴力 R_U 均取最大值进行计算，为

$R_U = 12.36$ kN

选择 6×19 钢丝绳，钢丝绳公称抗拉强度 1700MPa，直径 15.5mm。

$$[F_g] = \frac{\alpha F_g}{K}$$

式中　$[F_g]$——钢丝绳的容许拉力（kN）；

　　　α——钢丝绳之间的荷载不均匀系数，对 6×19、6×37、6×61 钢丝绳分别取 0.85、0.82 和 0.8；

　　　F_g——钢丝绳的钢丝破断拉力总和（kN），查表得 $F_g = 152$kN；

　　　K——钢丝绳使用安全系数，$K = 6$。

得到：$[F_g] = 21.533$kN > $R_U = 12.36$kN。

经计算，选此型号钢丝绳能够满足要求。

钢丝拉绳（斜拉杆）的拉环强度计算：

钢丝拉绳（斜拉杆）的轴力 R_U 的最大值作为拉环的拉力 N，为

$$N = R_U = 12.36\text{kN}$$

钢丝拉绳（斜拉杆）的拉环的强度计算公式为

$$\sigma = \frac{N}{A} \leqslant [f]$$

式中　$[f]$——拉环受力的单肢抗剪强度，取 $[f] = 50$N/mm²。

所需要的钢丝拉绳（斜拉杆）的拉环最小直径 $D=\sqrt{12360\times4/(3.142\times50)}$ mm=18mm

13. 锚固段与楼板连接的计算

水平钢梁与楼板压点采用钢筋拉环，拉环强度计算如下：

水平钢梁与楼板压点的拉环受力 $R=0.884$kN。

水平钢梁与楼板压点的拉环强度计算公式为

$$\sigma=\frac{N}{A}\leqslant[f]$$

式中　$[f]$——拉环钢筋抗拉强度，$[f]=50$N/mm^2。

所需要的水平钢梁与楼板压点的拉环最小直径 $D=[884.132\times4/(3.142\times50\times2)]^{1/2}$ mm= 3.355mm；本工程选择 18mm 直径的拉环。

水平钢梁与楼板压点的拉环一定要压在楼板下层钢筋下面，并要保证两侧 30cm 以上锚固长度。

混凝土局部承压计算如下：

混凝土局部承压的螺栓拉力要满足公式：

$$N\leqslant\left(b^2-\frac{\pi d^2}{4}\right)f_{cc}$$

式中　N——锚固力，即作用于楼板螺栓的轴向压力，$N=13.746$kN；

　　　d——楼板螺栓的直径，$d=18$mm；

　　　b——楼板内的螺栓锚板边长，$b=5d=90$mm；

　　　f_{cc}——混凝土的局部挤压强度设计值，计算中取 $0.95f_c=14.3$N/mm^2。

经过计算得到公式右边等于 112.19kN，大于锚固力 $N=13.746$kN，楼板混凝土局部承压计算满足要求。

复习思考题 //

1. 施工方案包括哪些内容？
2. 施工方案的选择要考虑哪些问题？
3. 施工方案与专项施工方案的区别？

习题 //

收集 1 份施工图，根据其中的工程背景，编制对应的基础形式的土方开挖施工方案。

第4章
保障措施

知识目标

1. 掌握工程施工质量保障体系建设及保障措施;
2. 掌握工程进度保障措施;
3. 掌握工程施工安全要求及保障措施;
4. 了解工程文明施工要求及措施;
5. 了解夏季、冬季、雨季、农忙季节及节假日期间施工保障措施。

技能目标

1. 能够明确划分项目部质量保障体系各职能部门及个人责任;
2. 能够熟练掌握工程施工质量保障措施及进度保障措施;
3. 能够了解工程安全文明施工现场布置及内业资料整理;
4. 能够初步掌握特殊季节及节假日期间施工保障工作安排。

4.1 质量保障措施

工程质量是指工程满足业主需要的,符合国家法律、法规、技术规范标准、设计文件及合同规定的特性综合。建设工程作为一种特殊的产品,除具有一般产品共有的质量特性,如性能、寿命、可靠性、安全性、经济性等满足社会需要的使用价值及其属性外,还具有特定的内涵,使其与一般的商品特性相区别。

建设工程质量的特性主要表现在以下六个方面:

适用性:即功能,是指工程满足使用目的的各种性能,包括理化性能、结构性能、使用性能、外观性能等。

耐久性:即寿命,是指工程在规定的条件下,满足规定功能要求使用的年限,也就是工程竣工后的合理使用寿命周期。

安全性:是指工程建成后在使用过程中保证结构安全、保证人身和环境免受危害的程度。

可靠性:是指工程在规定的时间和规定的条件下完成规定功能的能力。

经济性：是指工程从规划、勘察、设计、施工到整个产品使用寿命周期内的成本和消耗的费用。

与环境的协调性：是指工程与其周围生态环境协调，与所在地区经济环境协调以及与周围已建工程相协调，以适应可持续发展的要求。

影响工程质量的因素主要从五个方面体现，即人（Man）、材料（Material）、机械（Machine）、方法（Method）和环境（Environment），简称 4M1E 因素。

1. 人员素质

工程项目建设的决策者、管理者、操作者是生产经营活动的主体，人员的素质将直接和间接地对规划、决策、勘察、设计和施工的质量产生影响。因此，建筑行业实行经营资质管理和各类专业从业人员持证上岗制度是保证人员素质的重要管理措施。

2. 工程材料

工程材料选用、检验、保管、使用等都将直接影响建设工程的结构刚度及强度、工程外表及观感，影响工程的使用功能和安全。

3. 机械设备

机械设备可分为两类：一是指组成工程实体及配套的工艺设备和各类机具，它们构成了建筑设备安装工程或工业设备安装工程，形成完整的使用功能。二是指施工过程中使用的各类施工机具设备，它们是施工生产的手段。两类设备都将直接或间接影响工程使用功能和工程项目的质量。

4. 工艺方法

在工程施工中，施工方案、施工工艺和施工操作都将对工程质量产生重大的影响。大力推进采用新技术、新工艺、新方法，提高工艺技术水平，是保证工程质量稳定提高的重要因素。

5. 环境条件

环境条件是指对工程质量特性起重要作用的环境因素，包括工程技术环境、工程作业环境、工程管理环境、周边环境等。环境条件往往对工程质量产生特定的影响。

4.1.1 质量保障组织机构

要保障工程施工质量，首先必须建立一支完善的组织机构管理队伍，如图 4-1 所示。同时明确每一层施工管理队伍的目标和责任，在发生紧急情况时，能够及时联络到第一责任人。

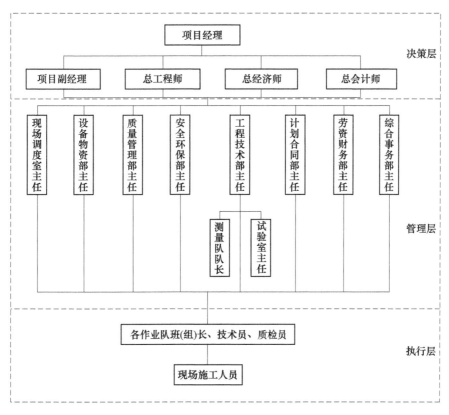

图 4-1　质量保障组织机构图

1. 决策层质量保证岗位职责

项目经理是施工企业法人代表的代理人，代表企业对工程项目全面负责，主持制定项目的施工组织设计和质量保证体系，项目总体进度计划和季、月度施工进度计划，以及项目费用开支计划，同时审批项目财务开支并制订项目有关人员的收入分配方案，是项目部的最高决策人。

总工程师对整个工程的质量负责，是项目部保证工程质量的直接责任人，主要负责组织、联系施工项目的图纸会审、技术交底工作，协助项目经理组织指挥生产，直接领导施工中的技术、安全、质量和环保等工作，将项目质量目标进行层层分解落实，协助项目经理对工程质量进行控制、管理和监督，主持对工程质量的定期检查、评议、整改及工程质量验评，对项目经理负责。

项目副经理受项目经理委托，指挥现场施工按施工组织设计和质量要求进行实施，项目经理不在工地时代行经理职责，处理紧急事务，同时根据工程特点，建立施工现场的质量保证体系，并使之正常运转，确保工程质量，在检查工程完成情况的同时，检查工程质量指标完成情况，分析质量动态，采取措施，保证和提高工程质量。

总经济师主要负责项目各类经济合同的起草、确定、评审，组织编制和办理工程款结算、经济索赔等工作，在工作中贯彻执行质量方针和项目规划，熟悉合同中用户对产品的质量要求，并传达至项目相关职能部门，负责组织项目人员对项目合同进行学习和交底工作。

总会计师主要负责本项目的成本费用管理工作，组织编制和审核成本费用计划，控制成本费用开支，组织成本费用核算，进行成本费用信息预测、控制和考核，参与审核施工预算和重要经济合同，负责将成本费用指标分解落实到各职能部门，定期检查执行情况，协调各职能部门与财务部门的工作关系，协助项目经理对本项目经济效益负责。

2. 管理层质量保证岗位职责

现场调度室的主要职责是深入施工现场，对整个工程进度和各生产要素的动态做到了如指掌，协助现场负责人协调和处理好各班组之间的关系，围绕进度计划，优化调度方案，确保人、机、料等资源配置的最佳组合和最大效能的发挥，做好施工日志和各种原始记录，并按规定的程序传递和反馈，对因人、料、机等配置问题引起的窝工、停机、待料的损失负经济责任。

设备物资部主要负责设备管理与工程物资供应的工作，配合项目部做好施工准备，工程物资的计划、订货、采购、调拨、平衡调度和挤压报废等工作，同时配合工程质检部对到场设备、工程物资的验证，确保采购物资质量受控，组织机械设备的清查，了解机械设备动态、技术状况、指导协调机械设备的维修工作，并负责组织"新设备、新材料"的收集、引进工作，审查、落实采购合同的签订、履行情况，经常深入施工现场，掌握工程进度情况，做好工地实际情况的调查，收集各种设备、材料信息，指导、协调机械设备的现场管理。

质量管理部负责项目质量、环境、职业健康安全、文明施工监督管理工作，负责项目环境因素、危险源辨识、风险评价和项目质量、环境、职业健康安全、文明施工管理计划的编制、目标的分解，责任制与责任目标完成情况的考核工作，并监督检查计划的落实；参与专项施工方案的审核，参与并见证项目施工、技术、质量、安全、环保交底，监督检查交底落实情况；负责现场质量、环境、职业健康安全、文明施工专项教育培训工作，对分包单位内部开展的相关教育培训工作进行监控和指导；监督施工过程材料的使用及检验结果，负责进货检验监督、过程试验监督，对检验批及分部、分项工程质量的预验进行审核，负责工程质量验收报验工作；参与机械设备的进场验收和安装验收工作，组织现场各类安全防护和环境保护设施的验收工作；负责工程质量不合格的统计工作和质量月报工作，监督不合格品的处置；定期、不定期进行质量、环境、职业健康安全、文明施工检查，对环境污染源定期进行监测，发现问题及时提出整改要求，并监督验证整改落实情况；协助项目经理组织召开月、周质量安全例会，并组织落实有关会议决议，统一协调各分包单位及业主直接发包单位的安全管理工作，并监督检查落实情况；作好与业主、监理及地方政府主管部门的日常业务对接和协调沟通工作。参加现场应急救援和事故、事件的调查处理，起草事故报告，监督检查纠正预防措施的实施。

安全环保部的主要职责是认真执行相关的职业健康安全法律、法规和其他要求及本企业规章制度，做好施工现场生产安全的监督、检查，负责汇总年度安全生产资金计划，督促财务部门按规定及时提取，对安全生产资金的使用进行监督和检查，审核项目部重大风险清单和安全生产事故应急救援预案，参加施工组织设计中安全技术措施的审核，并监督实施；制定安全生产管理制度和安全技术操作规程，并对执行情况进行监督检查；组织开展安全生产宣传教育和安全技术培训，负责对项目部新入场工人进行三级安全教育和特殊工种作业人员的日常管理，对劳动防护设施和劳动保护用品的质量和正确使用进行监督检查，负责项目部危险源汇总、分析、评价，针对重大风险制定控制措施和应急救援预案，并对设施情况进行监督，负责生产安全事故的预计、报告，建立事故档案；参与事故调查与处理，对纠正与预防措施的落实情况进行监督、检查。

工程技术部主要负责编制、调整施工组织设计方案，制定项目工程阶段整体进度、质量或成本控制指标，依据工程量清单及内部施工定额对项目工程成本进行分析分解，核实生产计划和设计量价与内计量价；根据工程量清单配合比编制审核项目工程、成品、半成品、材料计划限量，并对各种材料提出质量要求；在熟悉领会设计文件的前提下，核对设计图及清单工程量，并进行二次设计审核下发，对各施工队进行技术、安全、环境交底，检查作业技术程序，提供技术指导，并定期考核检查；组织审核施工测量放样工作，定期对测量放样进行复核，负责新技术、新材料、新工艺推广总结工作，负责变更、索赔、设计核实、申报工作，组织实施中间交验、竣工初验，收集、汇总、整理工程竣工资料。

计划合同部是项目的合同管理部门，在签订合同时必须明确质量要求和质量保证金数额。其工作职责主要是主办项目的工程变更，做好工程结算工作，负责对工程成本进行核算和提出改进措施，及时办理与变更索赔有关的各项业务；建立健全合同管理台账，防止计量漏项、漏记，在对工程劳务分包、机械租赁的结算中防止重复计算；指导工程项目的合同管理并处理施工过程中与合同有关的技术业务问题；在项目经理的对外经济活动中当好助手和参谋，遇到重大合同谈判和签约，事先为经理收集并提供有关资料和决策方案；实施工程处下达的各项经济技术指标，制定经理部相应的经济技术指标和实现指标的措施，并分解落实；组织经理部的工程业务开发，信息收集、整理上报工作，建立与健全本项目施工合同台账和计量结算台账，参与各种重大方案的制定。

劳资财务部的工作职责主要是参与拟订适合本项目的成本管理办法、经济计划、业务计划，会同预算部门编制成本费用计划，控制分析其执行情况，积极组织成本核算，保证工程发生的成本费用和工程形象进度基本保持一致，确保成本、费用及利润的真实性，符合配比原则；制订切实可行的材料管理办法，参加材料采购合同的评审工作，负责预付、应付账款的清理，参加材料清查盘点以及库存材料的分析；审核项目各项收支，监督项目部的各项经济行为，复核有关凭证、账薄，编制各类会计报表；为项目部的经济决策提供资料，积极参与项目各项经济活动，处理好与项目各业务部门的关系，保证各部门间各项核算数据资料的统一性；制订工资管理及发放办法，负责劳动工资的分析与统计，项目部员工的招聘、劳动组织与调配、劳动合同的签订及人事档案的管理，以及各类"五险"（养老保险、医疗保险、失业保险、工伤保险和生育保险）的计算、申报、缴纳和管理。

综合事务部主要负责项目部的行政管理工作，项目部的公文处理及印信管理，施工图的外出复印等，负责非生产性固定资产及低值易耗品的管理，项目部的接待及外联工作，项目消防保卫与后勤管理工作，办公用品的采购、发放与管理。参与安全事故、质量事故的调查、分析与处理。

3. 执行层质量保证岗位职责

各作业队班（组）长、技术员、质检员是工程现场施工的主要一线管理人员。各作业队班（组）长对自己所分管的施工业务范围和所辖人员的施工进度、工程质量、安全生产与文明工地建设维护以及工程材料、设备器具、设施材料的正确合理使用负有直接管理责任。

技术员参与本项目测量、定位、放线、计量技术复核、隐蔽验收等工作，处理施工中一般性的技术问题，对劳务公司提出的图纸及技术问题进行审核、处理并与上级技术主管部门沟通解决，负责制定质量问题整改措施；在项目技术负责人的授权下，参与对设计院、工程部、监理的部分技术交涉、管理工作，起草须交请上述单位的技术核定、设计变更、技术签证等，负责施工现场（试验）的监督、管理工作，并参与新工艺、新技术、新材料、新设备的实施工作。

质检员协助项目经理、项目负责人对工程进行质量管理，对施工现场出现的工程质量问题负主要责任，负责对工程技术质量资料进行监管、检查和收集整理，做到工程技术质量资料的完善与工程施工工序同步完成，负责分部分项工程、隐蔽工程的质量检查评定和分项工程技术复核工作，组织工程质量抽检、联检、巡检，参与质量事故的调查与不合格品的控制、分析和处理，并检查落实纠正和预防措施及整改情况，负责填写单位工程、分部分项工程的质量技术资料及工程各项质量检查评定的记录、报表，保证业务台账齐全。

现场施工人员是项目最基层的技术组织管理人员，主要工作内容是在项目部领导的组织领导下，深入施工现场，协助搞好施工管理，与施工队一起复核工程量，提供施工现场所需材料规格、型号和到场日期，做好现场材料的验收签证和管理，及时对隐蔽工程进行验收和工程量签证，协助做好工程的资料收集、保管和归档，对现场施工的进度和成本负有重要责任。其工作包括图纸会审，编制施工方案，技术交底，施工质量控制，收集、保管和归档现场施工资料等。

4.1.2　质量保证体系建设

要保证施工现场质量，必须要建立健全施工现场质量保证体系，下面以某建筑公司ISO09001:2008 质量体系标准建设质量保证体系为例讲解，详见图 4-2。

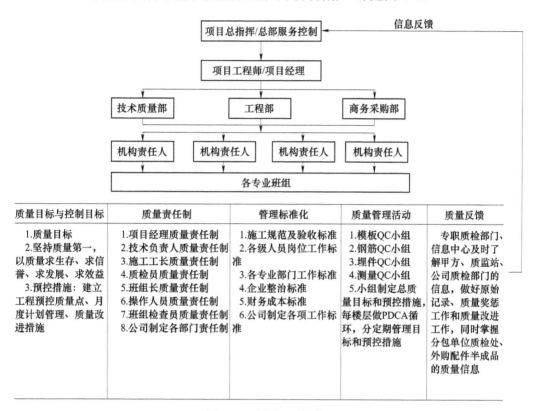

图 4-2　质量保证体系图

1. 项目经理及项目工程师质量保证岗位职责

负责做好项目部内外的施工协调及日常质量管理工作，监督各安装专业使用材料的质量、施工质量及控制进度，确保安装工程的质量。项目经理是项目部保证工程质量的第一责任人，必须坚持"百年大计、质量第一"的方针。总工程师对整个工程的质量负责，是项目部保证工程质量的直接责任人，监督检查各专业施工的质量情况，对项目经理负责。副项目经理对本专业施工质量负直接责任，监督检查本专业的施工质量情况，并对下属各部门进行指挥调度。

2. 工程部质量保证岗位职责

工程管理部负责保证本工程所使用的标准、规程、规范、图纸、工艺等文件符合《文件和资料控制程序》（公司内部文件）的规定以及满足本工程的需要。

3. 技术质量部质量保证岗位职责

对本工程的施工质量进行监督检查，对项目经理负责，对本工程进行定期检查和不定期抽查，监督项目各区分部质量工作，对不符合质量要求的，限期整改，并拥有处罚权。

负责对项目经理部所持有的计量器具进行保养，并建立使用台账。同时保证全部计量器具在检验有效期内使用，对邻近检验期限的计量器具送回公司计量部，由公司计量部送到检测中心进行检验。

4. 材料负责人质量保证岗位职责

负责对项目经理部所使用的全部材料进行检验、试验、储存保管、发放，对全部材料设备的质量负责（包括业主所提供的材料设备）；同时负责对全部施工机具进行日常维修保养，保证施工机具的正常有效性。

5. 各专业施工组质量保证岗位职责

各专业施工组是主管专业质量保证管理第一直接责任人，负责其本专业系统质量管理和治理检查；负责编写本专业保证质量的具体措施，监督和检查本专业系统各施工班组的安装质量；对质量问题及时给予制止和采取纠正措施，填写有关质量保证管理文件。施工技术组负责向专业施工员提供技术支持，对各专业施工方案的可行性进行审核，对整个工程的关键施工部位进行策划，制定施工方案及对整个施工负有技术指导的职责。

4.1.3 质量管理措施

1. 加强预控

1）项目开工之初，编制项目规划、质量计划、创优规划等。

2）加强对图纸、规范的学习及相关法律法规的学习，例如《建筑边坡工程技术规范》（GB 50330—2013）、《建筑桩基技术规范》（JGJ 94—2008）、《中华人民共和国建筑法》《中华人民共和国合同法》《中华人民共和国招标投标法》《中华人民共和国土地管理法》《建设工程质量管理条例》等。

施工项目部应定期组织技术人员、现场施工管理人员以及分包的主要有关人员进行图纸和规范的学习，做到熟悉图纸和规范要求，严格按图纸和规范施工。同时也给图纸的实施多把一道关，在学习过程中对图纸存在的问题及时找出，上报有关技术负责人，并把信息及时反馈给设计单位。

3）施工前编制施工组织设计、专项施工方案、技术交底。施工单位应在施工前编制施工组织设计、专项施工方案、技术交底等文件，用以指导工程的施工。编制时严格按照评审要求，结合工程实际认真编写，并掌握施工组织设计的指导性、方案的部署性、交底的可操作性，做到三者互相对应、相互衔接、相互交圈，层次清楚、严谨全面，符合规范，使之成为施工中遵循依靠的指导性文件。严格执行监理规程，不但将施工组织设计、施工方案报监理审批，同时将主要分项施工技术交底报监理备案，在监理执行旁站过程中加强对施工过程的监控。相关技术工作的质量保证体系如图 4-3 所示。

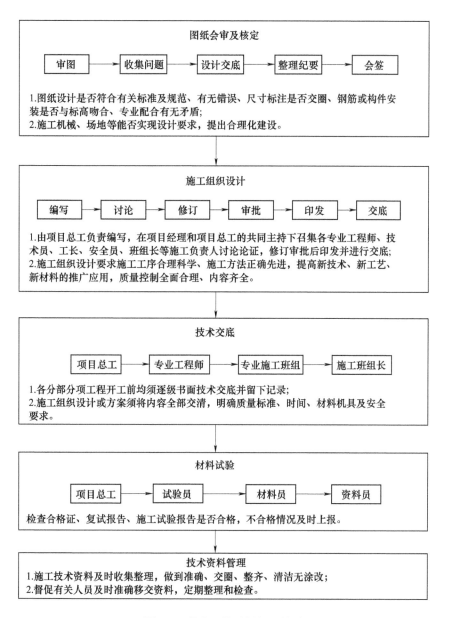

图 4-3 技术工作质量保证体系

4）合理选择分包队伍，确保工程质量安全。根据招标文件要求，选择满足资质要求、信誉好的分包队伍参加工程的施工，同时建立一套完善的管理和考核办法对分包队伍进行质量、工期、信誉和服务等方面的考核，从根本上保证项目所需劳动者的素质，为工程质量目标实现奠定坚实的基础。若招标文件中明确指出不允许分包，则严禁违规将工程分包给任意一家单位。

5）加强人员培训，提高员工质保意识。增强员工质保意识是保证工程质量安全的首要措施，在进场之前，公司应对项目部全体人员进行相关保证工程质量的专业培训，所有工作人员应持证上岗，决不允许"三无"人员进入工地现场。施工单位还应做好规范、标准和技术知识的培训工作，在工程施工过程中，应不定期组织质量讲评会，并邀请上级质量主管领导和专家进行集中培训和现场指导。

项目部对分包主要管理人员也要进行施工质量管理培训，对分包班组长及主要施工人员，按不同专业进行技术、工艺、质量综合培训，未经培训或培训不合格的分包队伍不允许进场施工。项目责成分包建立责任制，将项目的质量保证体系贯彻落实到各自施工质量管理中，并督促其对各项工作落实。

6）加强合同预控作用。合同管理贯穿工程施工经营管理的各个环节，施工单位应详细研究合同中有关工程质量要求的细节条款，仔细研究，落实到工程中各个环节，若有分包单位，尤其要注意分包单位的选择，比较各分包方价格、工期、质量目标，细化合同内容，将对分包的质量要求写入合同中，合同内容力求全面严谨，责任明确，不留漏洞。

7）严格材料供应商的选择，加强材料进场检验。结构施工阶段模板加工与制作、钢筋原材、装修材料及加工成品采用等均须采用全方位、多角度的选择方式，以产品质量优良、材料价格合理、施工成品质量优良为材料选型、定位的标准。材料、半成品及成品进场要按规范、图纸和施工要求严格检验，不合格的立即退货，严禁不合格产品进入施工现场。材料、设备采购保证体系如图4-4所示。

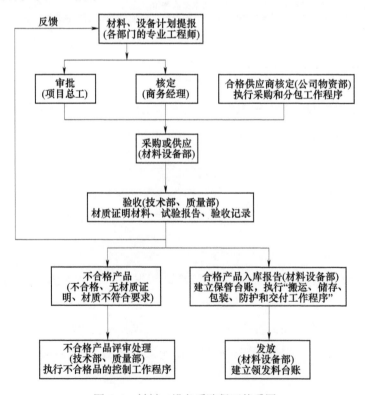

图4-4 材料、设备采购保证体系图

2. 加强过程控制

1）严格按照施工方案施工。对每个方案的实施都要通过：方案提出—讨论—编制—审核—修改—定稿—交底—实施等几个步骤进行。

施工中有了完备的施工组织设计和可行的施工方案，以及可操作性强的技术交底，就能保证工程的整体部署有条不紊，施工现场整洁规矩，机械配备合理，人员编制有序，施工流水不乱，分部工程方案科学合理，施工操作人员严格执行方案、交底的要求。这些措施都将有力地保障工程的质量和进度。

2）以样板引路，保证产品质量。分项工程大面积展开前，由项目的专业工程师根据专项方案、技术交底，组织劳务或分包单位进行样板分项（工序样板、分项工程样板、样板墙、样板间、样板段等）施工，样板工程验收合格后才能进行专项工程的大面积施工。在这样的前提下，劳务和分包在样板施工中也接受了技术要求、质量标准的培训，便于项目做到统一操作程序，统一施工工艺，统一质量验收标准的管理。

3）实行"三检制"。在施工过程中要坚持检查上道工序、保障本道工序、服务下道工序，做好自检、互检、交接检；遵循分包自检、总包复检、监理验收的三级检查制度；严格工序管理，认真做好隐蔽工程的检测和记录。

4）实行质量例会制度、质量会诊制度，加强对质量通病的控制。定期由项目总工主持，由项目经理部及劳务、分包方的施工现场管理人员和技术人员参加，总结前期项目施工的质量情况、质量体系运行情况，共同商讨解决质量问题应采取的措施，特别是质量通病的解决方法和预控措施，最后由项目总工以简报的形式发给项目各负责人、各部门和各劳务、分包方，简报中对质量好的要给予表扬，需整改的部位注明限期整改日期。

5）加强对成品的保护和管理。由于各工种交叉频繁，对于成品和半成品容易出现二次污染、损坏或丢失，影响工程进展，增加额外费用。故而制定相应成品（半成品）保护的措施，并设专人负责成品（半成品）保护工作。

在施工过程中对易受污染、破坏的成品和半成品要进行标识和防护，由专门负责人经常巡视检查，发现现有保护设施损坏的，及时恢复。

工序交接检采用书面形式，由双方签字认可。工序交接检的单据必须由下道工序作业人员和成品保护负责人同时签字方为有效，并保存工序交接书面材料；签字确认后，下道工序作业人员对防止成品的污染、损坏或丢失负直接责任，成品保护专人对成品保护负监督、检查责任。

6）奖惩严明，以资鼓励。在工程施工中实行奖惩公开制，制定详细、切合实际的奖罚制度和细则，贯穿工程施工的全过程。由项目质量总监负责组织有关管理人员在施工作业面进行检查和实测实量。对严格按质量标准施工的班组和人员进行奖励，对未达到质量要求和整改不认真的班组进行处罚，当然，处罚不是目的，以此为手段促进各班组成员严格按照质量验收标准施工才是最终目的。

4.2 进度保障措施

进度控制是施工阶段的重要内容，是质量、进度、投资三大建设管理环节的中心，直接影响到工期目标的实现和投资效益的发挥。工期控制是实现项目管理目标的主要途径，施工项目进度控制与质量控制、成本控制一样，是项目施工中的主要内容之一，保证实际建筑工程施工与预计施工进度一致，是促进建筑工程的整体施工效率与质量，提高建筑单位的整体管理水平的有效措施。施工进度控制基本工作程序如图4-5所示。

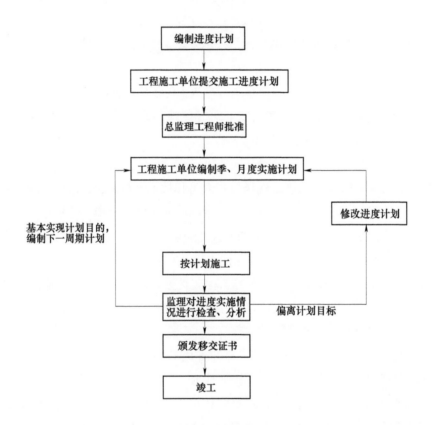

图4-5　施工进度控制基本工作程序

施工进度的控制计划能否完成，与项目经理部有很大的关系，在工程施工管理中，公司拟派的项目经理、项目总工程师、项目安装执行经理、施工现场指挥等管理人员，由具有完善的知识体系、丰富的施工现场经验、良好的个人素质人员组成，并派有丰富经验的专业工程师，主抓工程技术，对操作层实行穿透性管理，保证工程按期按质完成。施工进度保障组织措施详见表4-1。

表 4-1　施工进度保障组织措施

序号	措施	具体内容
1	合同管理	施工前与各分包单位签订施工合同，规定完工日期及不能按期完成的惩罚措施等，施工合同是施工和给付工程款的依据，在进场施工以前签订 在合同中添加专款专用制度以防止施工中因为资金问题而影响工程的进展，充分保障劳动力、机械的充足配备，材料的及时进场，随着工程各阶段控制日期的完成，及时支付各作业队伍的劳务费用，为施工作业人员的充足准备提供保障
2	分包模式	选择合理的分包模式 在选择专业分包商及劳务作业层时，根据不同的专业特点和施工要求，采取不同的合同模式，在合同中明确保障进度的具体要求 将选用素质高、技术能力强的土建及安装劳务分包队伍进行施工
3	主题例会制度	项目部定期召开施工生产协调会议，会议由项目经理主持，专业承包商和劳务作业队主管生产的负责人参加。主要是检查计划的执行情况，提出存在的问题，分析原因，研究对策，采取措施 项目部随时召集并提前下达会议通知单。专业承包和各作业单位必须派符合资格的人参加，参加者将代表其决策者 工程进度分析，计划管理人员定期进行进度分析，掌握指标的完成情况是否影响总目标，劳动力和机械设备的投入是否满足施工进度的要求，通过分析、总结经验、暴露问题、找出原因、制定措施，确保进度计划的顺利进行 下达施工任务指令。施工任务指令原则上由项目经理签发，主要是针对新情况利用签发指令的形式，取得短、平、快的效果，其次是针对在穿插施工时，必须在规定的时间内完成相应的施工任务，否则影响下道工序的施工计划 专业承包和各作业单位及时根据项目部的安排调整进度计划，在进度上有任何提前及延误应及时向项目部进行说明

1. 管理措施

根据工程的实际特点，实行项目经理负责制，负责施工的全过程。项目部根据工程的实际情况以及公司的各程序文件，编制项目部《管理制度汇编》（见图 4-6），项目部每位成员明确职责，各司其责确保工期目标的实现。在《管理制度汇编》中，明确项目员工的工作原则、工作范围，力求做到责、权、利明确、统一。严格管理制度，根据总工期安排，编制项目的总体进度计划（见图 4-7），设置工期控制点，保证总工期的实现。

图 4-6　某企业《管理制度汇编》

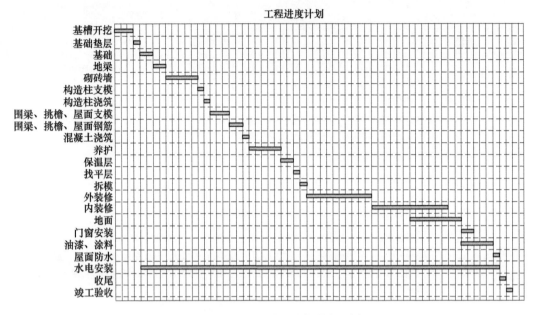

图 4-7　某项目部施工总体进度计划

建立生产例会制度，在总进度计划控制下，安排周、日作业计划，在例会上对进度控制点进行检查是否落实，把存在的问题解决掉，保证总工期的实现。每日各专业施工进度、施工区域情况汇总提供给各专业施工方和分包商，以便互相做好准备工作，以免互相发生冲突。

对施工进度进行管理，根据现场情况调整施工进度计划，确保工期目标的实现，并认真做好每周进度报告及下周进度计划，以便建设单位及监理审查。

充分利用施工作业空间和时间，均衡施工程序，实行流水作业，合理安排工序，特别要加强土建作业面的开展，在保证质量安全的前提下，科学地组织各专业施工队及指定分包商之间的立体交叉作业。提前做好季节性、特殊环境（如室内照明、施工用电等）有针对性的施工前准备工作。

施工工期的管理方法及保障施工工期的管理措施见表 4-2 及表 4-3。

表 4-2　施工工期的管理方法

序号	方法	内容
1	进度计划编制	在施工进度的组织安排上，整个施工管理分现场施工、图纸设计方案等准备、招投标设备及场外加工订货三条线同时进行 依据招标文件要求编排合理的总进度计划。根据工程总进度计划和分阶段进度计划，确定控制节点，提出分阶段计划控制目标。以整个工程为对象，综合考虑各方面的情况，对施工过程做出战略性部署，确定主要施工阶段的开始时间及关键线路、工序，明确施工主攻方向
2	进度计划审批	按照发包人的总工期要求制定工程总进度计划和分阶段进度计划，明确各专业施工单位进出场时间表，审核各专业施工单位订制的工程进度计划、分阶段和月进度计划，报监理审批并送发包人确认
3	分级计划控制	在进度计划体制上，实行分级计划控制，分三级进度控制计划编制。工程的进度管理是一个综合的系统工程，涵盖了技术、资源、商务、质量检验、安全检查等多方面的因素，因此根据总控工期、阶段工期和分项工程的工程量订制的各种派生计划，是进度管理的重要组成部分，按照最迟完成或最迟准备的插入时间原则，制订各类派生保障计划，做到施工有条不紊、有章可循

（续）

序号	方法	内容
4	施工进度监测	监测各专业施工单位的进度计划完成情况，每日按规定时间提供进度报表 进度监测将依照的标准包括：工作完成比例；工作持续时间；相应于计划的实物工程量完成比例；用他们实际完成量的累计百分比与计划的应完成量的累计百分比进行比较 要求各分包单位每日上报劳动力人数与机械使用情况，每周呈交进度报告，同时要求现场土建、机电和装修工程师亦跟进现场进度 跟踪检查施工实际进度，专业计划工程师监督检查工程进展，得出实际与计划进度相一致、超前或拖后的情况
5	进度计划调整	在进度监测过程中，一旦发现实际进度与计划进度不符，即有偏差时，进度控制人员必须认真寻找产生进度偏差的原因，分析该偏差对后续工作和对总工期的影响。及时调整施工计划，并采取必要的措施以确保进度目标实现
6	计划协调管理	动态控制进度，协调各专业施工单位的进度安排并及时采取措施，保证总进度及节点目标的实现，主持每周一次的工程管理协调例会，及时协调、平衡和调整工程进度，确保工程按期完成
7	实施奖惩制度	每月初，总包商根据上月要求完成的单项工程控制节点目标进行检查，对未按计划完成的予以处罚，以对工作不力的施工队起到惩戒的作用。若是由于施工队自身原因拖延工期而使后续单项工程施工受阻的，施工队必须承担由此而产生的损失

表 4-3　保障施工工期的管理措施

序号	措施	具体内容
1	项目法施工	严格按照项目法施工管理，实行项目经理负责制，对本工程行使计划、组织、指挥、协调、控制、监督六项基本职能，对工程实行全方位全过程的优先管理 立足于项目部地位，发挥综合协调管理的优势。以合约为控制手段，以总控计划为准绳，调动各发包人指定施工队的积极性，发挥综合协调管理的优势，确保各项目目标的实现
2	进度控制	推行全面计划管理，控制工程进度，建立主要形象进度控制点，运用网络计划跟踪技术和动态管理方法，做到日保周，周保月。坚持月平衡、周调度，确保总进度计划实施 认真做好施工计划中的计划统筹、协调和控制。严格坚持落实每周工地施工协调会制度，做好每日工程进度安排，确保各项计划落实。建立主要的工程形象进度控制点，围绕总进度计划，编制月、周施工进度计划，做到各分部分项工程的实际进度按计划要求进行；根据前期完成情况，对当期计划和后期计划、总计划进行重新调整和部署
3	计划编制	施工总承包依据合同总工期 总进度计划由施工总承包依据施工承包合同，以整个工程为对象，综合考虑各方面情况，对施工过程做出战略性的部署，确定主要施工阶段（结构、装修、机电设备安装调试、验收等）的开始时间及关键线路、工序，明确施工的主攻方向 分包商和专业承包商根据总进度计划要求，编制所施工专业的分部、分项工程进度计划，在工序的安排上服从施工总进度计划的要求和规定，时间上留有余地，确保施工总目标（合同工期）的实现 工程所有进度计划全部采用先进的计划编制软件进行编制 编制进度计划时必须很严谨地分析和考虑工作之间的逻辑关系，网络计划的关键线路清晰、明了 每周、每月编制横道图对比实际进度与计划进度的偏差，并认真分析偏差产生的原因，及时调整进度计划
4	进度考核	严格按照合同条款中规定的工期对专业承包商及专业分包进行考核，合同中明确的工期责任，必须履行，实行奖励惩罚制度
5	交叉施工管理	主体结构施工中，插入钢结构、粗装修、机电安装等专业施工，以加快工程施工进度 交叉施工时主要考虑的是防止发生对成品的破坏以及安全事故，进而影响工期 项目经理部由专职人员负责对现场工作环境进行实时跟踪，预见与现场观察相结合，一旦发现具备交叉施工条件，立即在最短时间内安排资源组织施工

（续）

序号	措施	具体内容
6	设备进场	及时按设备进度表安排设备进场，国外进口产品更应及早订货，办理有关手续
7	协调管理	强化项目部内部管理人员效率与协调，增强与发包人的联系，加强对劳务分包方的控制和各供货厂商的协作，并明确各方及个人的职责分工，减少矛盾现象，共同完成工期总目标 创造和保持施工现场各方面各专业之间的良好的人际关系，使现场各方认清其间的相互依赖和相互制约的关系 加强对设计的配合工作，密切配合一切设计工作，并提供合理化建议，共同消除设计对施工进度的影响 加强发包人、监理人、设计方的合作与协调
8	提前确定样板	在结构施工阶段就对装修材料、做法进行认定，选定材料，确定样板 每道工序施工之前，先进行样板施工。提前确定样板，细化设计，减少施工期间技术问题的影响
9	总平面管理	加强总平面管理，特别是机械停放、材料堆放等不得占用施工道路，不得影响其他设备、物资的进场和就位，实施施工现场秩序化。根据结构主体、装修、设备安装等不同阶段的特点和需求设计现场平面布置图，各阶段的现场平面布置图和物资采购、设备订货、资源配备等辅助计划相配合，对现场进行宏观调控，即使在施工紧张的情况下，也保持现场秩序井然，保障施工进度计划的有序实施
10	后勤服务	组织专人负责做好各项后勤服务工作，解除后顾之忧，激发和调动职工的积极性

2. 经济措施

施工进度控制的经济措施涉及工程资金需求计划和加快施工进度的经济激励措施等。为确保进度目标的实现，应编制与进度计划相适应的资源需求计划（资源进度计划），包括资金需求计划和其他资源（人力和物力资源）需求计划，以反映工程施工的各时段所需要的资源。通过资源需求的分析，可发现所编制的进度计划实现的可能性，若资源条件不具备，则应调整进度计划。在编制工程成本计划时，应考虑加快工程进度所需要的资金，其中包括为实现施工进度目标将要采取的经济激励措施所需要的费用。资金管理保障措施见表 4-4。

表 4-4 资金管理保障措施

序号	资金类别	管理保障措施
1	预算管理	执行严格的预算管理：施工准备期间，编制项目全过程现金流量表，预测项目的现金流，对资金做到平衡使用，避免资金的无计划管理
2	支出管理	执行专款专用制度：随着工程各阶段控制日期的完成，及时支付各专业队伍的劳务费，防止施工中因为资金问题而影响工程的进展，充分保障劳动力、机械、材料的及时进场

3. 劳动力组织投入保障措施

在施工期间，劳动力是否能够按照正常计划到位上岗，是影响工期进度能否按照合同要求正常推进的一个重要因素，因此，对于劳动力的组织投入必须有严格的保障措施，通常情况下，主要包括：

1）根据工期要求和施工时间安排调配劳动力进场，全力满足工期要求。

2）做好宣传工作，使全体施工人员牢固树立"百年大计，质量第一"的质量意识，确保工程质量创优争先目标的实现。

3）选派优秀的工程管理人员和施工技术人员组成项目管理班子，实施和管理该工程。

4）选派技术精良的专业施工班组，配备先进的施工机具和检测设备，进场施工。

5）建立完善的质量负责制，让每位参与项目的施工人员都明确自己的质量目标和责任。

6）进场前，对工人进行各种必要的培训，特殊、关键的岗位必须持有效的上岗证书才能上岗。

7）对施工班组进行优化组合，竞争上岗，使工人保持高度的责任心和上进心。

8）认真做好班前交底，让工人熟悉并掌握施工方法、质量标准、安全注意事项、文明施工要求等。

9）按劳动力定额组织生产，同时结合实际情况对现场人员进行劳动定员，使工人岗位明确、职责明确，防止人浮于事、发生窝工等消极现象。

10）推行经济承包责任制，使员工的劳动与效益挂钩。

11）加强劳动纪律管理，施工过程中如有违纪屡教不改者、工作不称职者将撤职并调离工地，立即组织同等级技工进场，进行人员补充。

12）建立激励机制，奖惩分明，及时兑现，充分调动工人的积极性。

13）在施工工期紧张时，在重要节假日、春节等情况下，要提前采取有针对性的预防措施，与各班组签订节假日期间坚持施工承诺书，严格遵守《中华人民共和国劳动法》关于节假日加班的规定并适当给予一定的奖励，保证劳动力稳定，使工人在节假日期间正常上班。

14）为了保证工人做到人尽其才，提高劳动生产力，在劳动力管理上，可采取区域管理与综合管理相结合，岗前、岗中、岗后三位管理相结合等多种方法。

4. 主要施工机械设备投入保障措施

明确工程施工过程中需要使用的主要施工机械设备种类和数量，其投入保障措施见表4-5，同时，在开工前，对机械设备进行全面检修，确保在工程施工期间机械设备的正常使用。

表 4-5　主要施工机械设备投入保障措施

序号			保障措施
1	机械设备检验及验收	机械设备进场	根据拟投入本标段的主要施工设备，会同项目设备工程师组织相关人员对其进行检查、验收
			检查机械的完善情况，外部结构装置的装配质量，连接部位的紧固与可靠程度，润滑部位、液压系统的油质油量，电气系统的完整性等内容，并填写《机械设备进场验收记录》
		设备验收	设备安装完毕后，由项目、安装单位进行验收，并按照当地质监部门的验收表格填写记录，合格后，原件交项目设备工程师、复印件交物资工程师进行备案
			设备验收合格后，在进行施工生产前，由项目设备工程师检查操作人员的操作证（由省级劳动部门或其他主管部门颁发的中华人民共和国特种作业操作证）并预留其复印件存档，合格后，方能进入现场进行施工作业
2	机械设备日常管理	机械设备台账	机械设备经安装调试完毕，确认合格并投入使用后，由项目经理部设备工程师登记进入项目机械设备台账备案。对台账内的大型机械建立技术档案，档案中包括：原始技术资料和验收凭证、建委颁发的设备编号及经劳动局检验后出具的安全使用合格证、保养记录统计、历次大中修改造记录、运转时间记录、事故记录及履历资料等
		"三定"制度	由项目设备工程师负责贯彻落实机械设备的"定人、定机、定岗位"的"三定"制度。由分包单位填写机械设备三定登记表并报项目备案
		安全技术交底	机械设备操作人员实施操作之前，由项目设备工程师/安全工程师对机械设备操作人员进行安全技术交底
		定期检查、保养	由项目设备工程师负责组织相关人员对施工设备进行定期检查（包括周检和月检）和保养并做好记录

5. 主要工程材料、设备料具投入保障措施

明确项目中需要用的材料品种、数量、来源、使用的时间段、储藏方式等，采取有效保障措施（见表4-6）保证主要工程材料、设备料具的投入。

表4-6　主要工程材料、设备料具投入保障措施

序号	材料类别	供应保障措施
1	主要材料	（1）项目自购材料 ① 建立大宗材料信息网络，不断充实更新材料供应商档案 ② 随施工进度不断完善材料需用计划 ③ 在保证质量的前提下，按照"就近采购"的原则选择供应商，尽量缩短运输时间，确保短期内完成大宗材料的采购进场 ④ 严把材料采购、验收的质量关，避免因材料质量问题影响工期 （2）发包人提供材料、设备及分包商采购材料 ① 协助发包人、分包商超前编制准确的甲供材料、设备计划，明确细化进场时间、质量标准等，提供供货厂家和价格供发包人参考 ② 及时细致做好发包人提供或分包商采购材料、设备的质量验收工作，填写开箱记录，办理交接手续 ③ 做好甲供材料、设备的保管工作，对于露天堆放的材料、设备采取遮盖、搭棚等保护措施
2	采购设备材料	编制详细的需用量计划和采购计划，严格按照招标文件技术参数要求做好材料设备的采购工作，确保供应的材料设备质量满足要求
3	发包人供应设备材料	提供详细的需用量计划，以满足甲供材料设备可靠、有序到场，方便工程施工，保证施工进度和施工质量，积极收集工程信息，协助发包人做好设备、材料供应工作

6. 试验与质量检测设备投入保障措施

在开工之前，一定要明确项目需要使用的主要的试验与质量检测设备品种、数量、进场时间等。在试验与检测设备使用过程中亦需制定相应的使用制度，严格保证设备的精密性和准确性，见表4-7。

表4-7　试验与检测设备使用制度和控制程序

序号	分项		具体内容
1	试验与质量检测设备检验及验收	设备进场前检验	试验与质量检测设施进场前必须检验，合格后，记入设备台账。需由检测中心检测的仪器设备，必须按规定的时间送检
		试验与检测设备验收	（1）采购的试验与检测设备进场后，项目监理进行验收，需要进行检测中心检测的设备，待检测完成后报项目监理单位备案。合格证、检测报告等复印件交项目监理单位进行备案 （2）设备验收合格后，方能进入现场进行使用
2	试验与检测设备使用	"三定"	定人、定机、定岗位
		交底	（1）操作人员实施操作之前，由质量检测设施负责人对操作人员进行使用交底 （2）根据各设施对环境的不同要求，在保存时按各设施的说明书进行保护

7. 夜间施工保障措施

一般情况下不允许建筑施工企业在夜间进行施工，因为夜间施工容易扰民，并且由于夜间照明光线比白天要差，容易引发安全事故，故在各大中城市需要夜间施工的建筑企业需向相关主管部门申办夜间施工许可证，证件办理要求根据各地情况有所不同。但由于建筑施工大多在市区内，白天施工容易造成交通拥堵，并且部分城市白天是不允许货车进入市区的，包括混凝土运输车等，另外，施工过程中有些工序是需要连续施工的，到下一工序不管是白天还是黑夜必须继续施工，否则容易引发质量安全事故，因此，对于建筑施工企业而言，很难完全没有夜间施工的情况，但在开展夜间施工之前必须提前做好相应的保障措施，见表 4-8。

表 4-8   夜间施工保障措施

序号	措施	具体内容
1	监督管理	现场安排一名项目领导值班，协调处理夜间施工事项；项目经理部设置夜间施工监督员，对夜间施工进行巡视，确保夜间施工的工作效率和作业安全；项目部其他人员保持全天候的通信联络
2	扰民安抚	提前做好扰民安抚工作，现场围墙、门口、道口等显要位置张贴夜间施工告示
3	施工照明	（1）施工照明与施工机械设备用电各自采用一条施工线路，防止大型施工机械因偶尔过载后跳闸导致施工照明不足 （2）施工准备期间，分别在场地四周搭设大功率镝灯，用于整个施工现场夜间照明 （3）结构施工期间，在每台塔式起重机支架处架设两台镝灯，用于施工作业层的夜间照明 （4）同时配备其他灯具，作为零星照明不足的补充 （5）现场必须有足够的照明能力。包括办公区到生产区的沿途；生产区到工作面沿途以及工作面，都有足够的照明设施，满足夜间施工质量、安全等对照明的需求 （6）现场在临边、洞口等事故易发位置，严格按照有关规定设置警戒灯，并由专职安全员负责维护，确保设施的完整性、有效性 （7）配备足够的电工，及时配合施工队照明的需要，尤其是移动的光源
4	安全防护	夜间施工时，加强进行安全设施管理，重点检查作业层四周安全围护、临边洞口防护等部位，确保夜间施工安全
5	后勤保障	做好后勤保障工作，尤其食堂等生活配套设施，必须满足夜间施工的要求；生活区建立严格的管理制度，为夜间施工人员创造良好的休息环境，使作业人员保持持续的夜间施工能力
6	验收计划	针对夜间施工中出现的中间验收，应提前制订验收计划，上报发包人、监理人，以便他们做出相应的工作安排

8. 外部环境保障措施

为保证工程进度如期进行，除工地现场的人、料、机的保障措施外，外部环境的好坏也会对工程进度造成一定的影响。外部环境保障措施见表 4-9。

表4-9　外部环境保障措施

序号	措施	供应保障措施
1	市场动态	密切关注相关资源的市场动态，尤其是材料市场，预见市场的供应能力，对消耗强度高的材料，除现场有一定的储备外，还必须要求供应商保证第一时间供应保障
2	信息沟通	与发包人、监理人、设计单位以及政府相关部门建立有效的信息沟通渠道，确保各种信息在第一时间进行传输
3	周边协调	（1）设立独立的部门或者人员，专职负责外联工作，及时解决影响工程的各种事件 （2）积极主动与当地派出所、交通、环卫等政府主管部门协调联系，及时处理工程施工期间产生的工程纠纷等问题
4	扰民	做好施工扰民的细致工作，积极热情地与周边联系沟通，取得周围居民的理解和支持，保障施工进度要求，并由专人负责该项工作

9. 医疗卫生保障措施

1）制定严格的卫生管理制度和卫生防疫应急预案，严格遵守相关法律法规和政府规章，避免出现突发性事件。

2）进场后与该地区的卫生防疫、急救中心等相关部门建立联系，取得卫生防疫部门的支持。

3）现场设置医疗室和观察隔离室，设专职医护人员，配备常规药品和急救药品，并进行日常卫生防疫消毒，宣传卫生防疫知识，尤其注重宣传在传染病多发季节的防护措施。

4.3　安全文明施工

安全生产关系人民群众的生命财产安全，关系改革发展和社会稳定大局。建设工程安全生产不仅直接关系到建筑企业自身的发展和利益，更是直接关系到人民群众包括生命健康在内的根本利益，影响构建社会主义和谐社会的大局。近年来，我国建筑企业认真贯彻"安全生产、预防为主"的安全生产方针，认真贯彻落实党中央、国务院关于安全生产工作的一系列方针、政策，全面落实安全生产责任制，加强建设工程安全法规和技术标准体系建设，积极开展专项整治和隐患排查治理活动，在建筑工程安全生产活动开展过程中取得了良好的效果。

4.3.1　安全生产管理方针及目标

根据《建设工程安全生产管理条例》第三条规定：建设工程安全生产管理，坚持"安全第一、预防为主"的方针。结合工程的结构特点、施工工艺、地质状态、周边环境及安全等级要求等，结合施工现场的实际情况，根据国家、住房和城乡建设部和当地颁布的现行相关安全法律法规，制定安全管理目标、工伤控制目标、安全达标目标。

4.3.2　明确各单位及部门安全生产职责

《中华人民共和国安全生产法》规定，建筑施工单位应当设置安全生产管理机构或者配备专职安全生产管理人员，从业人员超过一百人的，应当设置安全生产管理机构或者配备专职安全生产管理人员；从业人员在一百人以下的，应当配备专职或者兼职的安全生产管理人员。

施工单位安全生产管理机构设置及专职安全生产管理人员配备按照《建筑施工企业安全生产管理机构设置及专职安全生产管理人员配备办法》进行，建筑施工企业所属的分公司、区域公司等较大的分支机构应当各自独立设置安全生产管理机构，负责本企业（分支机构）的安全生产管理工作。建筑施工企业及其所属分公司、区域公司等较大的分支机构必须在建设工程项目中设立安全生产管理机构。

1. 按公司类别专职安全生产管理人员配备

建筑施工企业安全生产管理机构专职安全生产管理人员的配备应满足下列要求，并应根据企业经营规模、设备管理和生产需要予以增加：

1）建筑施工总承包资质序列企业：特级资质不少于 6 人；一级资质不少于 4 人；二级和二级以下资质企业不少于 3 人。

2）建筑施工专业承包资质序列企业：一级资质不少于 3 人；二级和二级以下资质企业不少于 2 人。

3）建筑施工劳务分包资质序列企业：不少于 2 人。

4）建筑施工企业的分公司、区域公司等较大的分支机构 (以下简称分支机构) 应依据实际生产情况配备不少于 2 人的专职安全生产管理人员。

2. 按单位资质不同的专职安全管理人员配备

（1）总承包单位配备项目专职安全生产管理人员应当满足的要求

1）建筑工程、装修工程按照建筑面积配备：

①1 万平方米以下的工程不少于 1 人。

②1 万～ 5 万平方米的工程不少于 2 人。

③5 万平方米及以上的工程不少于 3 人，且按专业配备专职安全生产管理人员。

2）土木工程、线路管道、设备安装工程按照工程合同价配备：

①5000 万元以下的工程不少于 1 人。

②5000 万～ 1 亿元的工程不少于 2 人。

③1 亿元及以上的工程不少于 3 人，且按专业配备专职安全生产管理人员。

（2）分包单位配备项目专职安全生产管理人员应当满足的要求

1）专业承包单位应当配置至少 1 人，并根据所承担的分部分项工程的工程量和施工危险程度增加。

2）劳务分包单位施工人员在 50 人以下的，应当配备 1 名专职安全生产管理人员；50 ～ 200 人的，应当配备 2 名专职安全生产管理人员；200 人及以上的，应当配备 3 名及以上专职安全生产管理人员，并根据所承担的分部分项工程施工危险实际情况增加，不得少于工程施工人员总人数的 5‰。

工程项目采用新技术、新工艺、新材料或致害因素多、施工作业难度大的工程项目，施工现场专职安全生产管理人员的数量应当根据施工实际情况，在配置标准上增配。

3. 各部门与各级人员的安全管理职责

根据人员配备进行职责分工，职责分工应包括纵向各级人员，即包括主要负责人、管理者代表、技术负责人、财务负责人、经济负责人、党政工团、项目经理以及员工的责任制和横向各专业部门，即安全、质量、设备、技术、生产、保卫、采购、行政、财务等部门的责任。

（1）施工企业的主要负责人职责

1）贯彻执行国家有关安全生产的方针政策和法规、规范。

2）建立、健全本单位的安全生产责任制，承担本单位安全生产的最终责任。

3）组织制定本单位安全生产规章制度和操作规程。

4）保证本单位安全生产投入的有效实施。

5）督促、检查本单位的安全生产工作，及时消除安全事故隐患。

6）组织制定并实施本单位的生产安全事故应急救援预案。

7）及时、如实报告安全事故。

（2）技术负责人的职责

1）贯彻执行国家有关安全生产的方针政策、法规和有关规范、标准，并组织落实。

2）组织编制和审批施工组织设计或专项施工组织设计。

3）对新工艺、新技术、新材料的使用，负责审核其实施过程中的安全性，提出预防措施，组织编制相应的操作规程和交底工作。

4）领导安全生产技术改进和研究项目。

5）参与重大安全事故的调查，分析原因，提出纠正措施，并检查措施的落实，做到持续改进。

（3）财务负责人的责任　保证安全生产的资金能做到专项专用，并检查资金的使用是否正确。

（4）工会的职责

1）工会有权对违反安全生产法律、法规，侵犯员工合法权益的行为要求纠正。

2）发现违章指挥、强令冒险作业或者发现事故隐患时，有权提出解决的建议，单位应当及时研究答复。

3）发现危及员工生命的情况时，有权建议组织员工提出处理意见，并要求追究有关人员的责任。

（5）安全部门的责任

1）贯彻执行安全生产的有关法规、标准和规定，做好安全生产的宣传教育工作。

2）参与施工组织设计和安全技术措施的编制，并组织进行定期和不定期的安全生产检查。对贯彻执行情况进行监督检查，发现问题及时改进。

3）制止违章指挥和违章作业，遇到紧急情况有权暂停生产，并报告有关部门。

4）推广总结先进经验，积极提出预防和纠正措施，使安全生产工作能持续改进。

5）建立健全安全生产档案，定期进行统计分析，探索安全生产的规律。

（6）生产部门的职责　合理组织生产，遵守施工顺序，将安全所需的工序和资源排入计划。

（7）技术部门的职责　按照有关标准和安全生产要求编制施工组织设计，提出相应的措施，进行安全生产技术的改进和研究工作。

（8）设备材料采购部门的职责　保证所供应的设备安全技术性能可靠，具有必要的安全防护装置，按机械使用说明书的要求进行保养和检修，确保安全运行。所供应的材料和安全防护用品能确保质量。

（9）财务部门的职责　按照规定提供实现安全生产措施、安全教育培训、宣传的经费，并监督其合理使用。

（10）教育部门的职责　将安全生产教育列入培训计划，按工作需要组织各级员工的安全生产教育。

（11）劳务管理部门的职责　做好新员工上岗前培训、换岗培训，并考核培训的效果，组织特殊工种的取证工作。

（12）卫生部门的职责　定期对员工进行体格检查，发现有不适合现岗的员工要立即提出。要指导组织监测有毒有害作业场所的有害程度，提出职业病防治和改善卫生条件的措施。

（13）项目经理部的安全生产职责　施工企业的项目经理部应根据安全生产管理体系的要求，由项目经理主持，把安全生产责任目标分解到岗，落实到人。

《建设工程项目管理规范》（GB/T 50326—2017）规定项目经理部的安全生产责任制的内容包括：

1）项目经理应当由取得相应执业资格的人员担任，对建设工程项目的安全施工负责，其安全职责应包括：认真贯彻安全生产方针、政策、法规和各项规章制度，制定和执行安全生产管理办法，严格执行安全考核指标和安全生产奖励办法，确保安全生产措施费用的有效使用，严格执行安全技术措施审批和施工安全技术措施交底制度；建设工程施工前，施工单位负责项目管理的技术人员应当对有关安全施工的技术要求向施工作业班组、作业人员做出详细说明，并由双方签字确认。施工中定期组织安全生产检查和分析，针对安全隐患制定相应的预防措施；当施工过程中发生安全事故时，项目经理必须及时、如实地按安全事故处理的有关规定和程序上报和处置，并制定防止同类事故再次发生的措施。

2）施工单位安全员的安全职责。落实安全设施的设置；对安全生产进行现场监督检查，组织安全教育和全员安全活动，监督检查劳保用品的质量和正确使用。发现安全事故隐患，应当及时向项目负责人和安全生产管理机构报告，并配合有关部门排除安全隐患；对违章指挥、违章操作的，应当立即制止。

3）作业队长安全职责。向本工种作业人员进行安全技术措施交底，严格执行本工种安全技术操作规程，拒绝违章指挥；组织实施安全技术措施；作业前应对本次作业所使用的机具、设备、防护用具、设施及作业环境进行安全检查，消除安全隐患，检查安全标牌是否按规定设置，标识方法和内容是否正确完整；组织班组开展安全活动，对作业人员进行安全操作规程培训，提高作业人员的安全意识，召开上岗前安全生产会；每周应进行安全讲评。当发生重大或恶性工伤事故时，应保护现场，立即上报并参与事故调查处理。

4）作业人员安全职责。认真学习并严格执行安全技术操作规程，自觉遵守安全生产规章制度，执行安全技术交底和有关安全生产的规定；不违章作业；服从安全监督人员的指导，积极参加安全活动；爱护安全设施。

作业人员有权对施工现场的作业条件、作业程序和作业方式中存在的安全问题提出批评、检举和控告，有权对不安全作业提出意见；有权拒绝违章指挥和强令冒险作业，在施工中发生危及人身安全的紧急情况时，作业人员有权立即停止作业或者采取必要的应急措施后撤离危险区域。

作业人员应当遵守安全施工的强制性标准、规章制度和操作规程，正确使用安全防护用具、机械设备等。

作业人员进入新的岗位或者新的施工现场前，应当接受安全生产教育培训。未经教育培训或者教育培训不合格的人员，不得上岗作业。垂直运输机械作业人员、安装拆卸工、爆破作业人员、起重信号工、登高架设人员等特种作业人员，必须按照有关规定经过专门的安全作业培训，并取得特种作业操作资格证书后，方可上岗作业。

作业人员应当努力学习安全技术，提高自我保护意识和自我保护能力。

4. 其他有关单位的安全责任

为建设工程提供机械设备和配件的单位，应当按照安全施工的要求配备齐全有效的保险、限位等安全设施和装置。所出租的机械设备和施工机具及配件，应当具有生产（制造）许可证、产品合格证。

出租单位应当对出租的机械设备和施工机具及配件的安全性能进行检测，在签订租赁协议时，应当出具检测合格证明。禁止出租检测不合格的机械设备和施工机具及配件。

在施工现场安装、拆卸施工起重机械和整体提升脚手架、模板等自升式架设设施，必须由具有相应资质的单位承担。

安装、拆卸施工起重机械和整体提升脚手架、模板等自升式架设设施，应当编制拆装方案，制定安全施工措施，并由专业技术人员现场监督。

施工起重机械和整体提升脚手架、模板等自升式架设设施安装完毕后，安装单位应当自检，出具自检合格证明，并向施工单位进行安全使用说明，办理验收手续并签字。

4.3.3 建筑施工安全管理制度

建筑施工安全管理制度见表 4-10。

表 4-10 建筑施工安全管理制度汇总

序号	制度名称	要求	序号	制度名称	要求
1	建筑施工企业安全生产许可制度	建筑施工企业未取得安全生产许可证的，不得参加建设工程施工投标活动。安全生产许可证的有效期为三年	5	建设工程和拆除工程备案制度	建设单位应当自开工报告批准之日起15日内，将保证安全施工的措施报送建设工程所在地的县级以上地方人民政府建设行政主管部门或者其他有关部门备案；建设单位应当在拆除工程施工15日前，将相关资料报送建设工程所在地的县级以上地方人民政府建设行政主管部门或者其他有关部门备案
2	建筑施工企业三类人员考核任职制度	对建筑施工企业的主要负责人、项目负责人、专职安全生产管理人员实施考核任职制度，考核合格取得安全生产考核合格证书后，方可提供相应职务。证书有效期为三年	6	特种作业人员持证上岗制度	《建设工程安全生产管理条例》规定：垂直运输机械人员、起重机械安装拆卸工、爆破作业人员、起重信号工、登高架设作业人员等特种作业人员，必须按照国家相关规定经过专门的安全作业培训，并取得特种作业操作资格证书后，方可上岗作业
3	安全生产责任制度	对各级负责人、各职能部门以及各类施工人员在管理和施工过程中，应当承担的责任做出明确规定，将安全责任落实到每一个负责人和每个岗位的作业人员身上	7	意外伤害保险制度	《中华人民共和国建筑法》规定，建筑职工意外伤害保险是法定的强制性保险，也是保护建筑业从业人员合法权益，转移企业事故风险，增强企业预防和控制事故能力，促进企业安全生产的重要手段。住房和城乡建设部明确了建筑施工企业应当为施工现场从事施工作业和管理的人员，在施工活动过程中发生的人身意外伤亡事故提供保障，办理建筑意外伤害保险、支付保险费，范围应当覆盖工程项目。同时，还对保险期限、金额、保费、投保方式、索赔、安全服务及行业自保等都提出了指导性意见
4	安全生产教育培训制度	建筑施工企业应当建立健全劳动安全教育培训制度，加强对企业安全生产的教育培训，未经安全生产教育培训的人员，不得上岗作业	8	专项施工方案专家论证审查制度	施工单位应当在施工组织设计中编制安全技术措施和施工现场临时用电方案，对达到一定规模的危险性较大的分部分项工程编制专项施工方案，并附具安全验算结果，经施工单位技术负责人、总监理工程师签字后实施，由专职安全生产管理人员进行现场监督

（续）

序号	制度名称	要求	序号	制度名称	要求
9	建筑起重机械安全监督管理制度	《建设工程安全生产管理条例》规定：施工单位应当自施工起重机械和整体提升脚手架、模板等自升式架设设施验收合格之日起三十日内，向建设行政主管部门或者其他有关部门登记。登记标志应当置于或者附着于该设备的显著位置	12	生产安全事故报告制度	施工单位发生生产安全事故，应当按照国家有关伤亡事故报告和调查处理的规定，及时、如实地向负责安全生产监督管理的部门、建设行政主管部门或者其他有关部门报告；特种设备发生事故的，还应当同时向特种设备安全监督管理部门报告。接到报告的部门应当按照国家有关规定，如实上报
10	危及施工安全的工艺、设备、材料淘汰制度	《建设工程安全生产管理条例》规定：国家对严重危及施工安全的工艺、设备、材料实行淘汰制度。具体目录由住房和城乡建设部会同国务院其他有关部门制定并公布	13	生产安全事故应急救援制度	施工单位应当制定本单位生产安全事故应急救援预案，建立应急救援组织或者配备应急救援人员，配备必要的应急救援器材、设备，并定期组织演练。同时根据建设工程施工的特点、范围，对施工现场易发生重大事故的部位、环节进行监控，制定施工现场生产安全事故应急救援预案
11	施工现场消防安全责任制度	施工现场要建立健全防火检查制度，建立动用明火、动火审批制度，同时明确划分用火作业、易燃可燃材料堆场、仓库、易燃废品集中站和生活区等区域，配备足够的消防器材			

4.3.4 文明环保施工组织机构

成立现场文明施工管理小组，项目经理担任组长，建立现场文明施工责任区制度，根据文明施工管理员、材料负责人、各组长具体的工作将整个施工现场划分为若干个责任区，实行挂牌制，使各自分管的责任区达到文明施工的各项要求，项目定期进行检查，发现问题，立即整改，使施工现场保持整洁，确保达到安全文明工地标准。

各部门文明施工管理职责：

1）企业主管领导：主管本企业的文明施工管理工作。

2）企业工程管理部门：负责本企业文明施工管理体系的建立及运行监督、管理工作。

3）项目经理部：负责环境管理制度和方案的实施工作，定期召开"施工现场文明施工"工作例会，总结前一阶段的施工现场文明施工管理情况，布置下一阶段施工现场文明施工管理工作，建立并执行施工现场文明施工管理检查制度。对检查中所发现的问题，应根据具体情况，定时间、定人、定措施予以解决，项目经理部有关部门应监督落实问题的解决情况。

4）安全环境部：项目经理部实施文明施工管理的主管部门。

5）综合管理部：项目经理部实施文明施工管理的协助部门。

6）工程技术部：项目经理部实施文明施工管理的执行部门。

7）项目经理：对项目部文明施工管理体系的运行工作总负责（图4-8）。

8）执行经理：具体负责项目部文明施工管理方案和措施落实工作。

9）总工程师：负责根据项目部的具体情况制定相应的文明施工管理方案和措施。

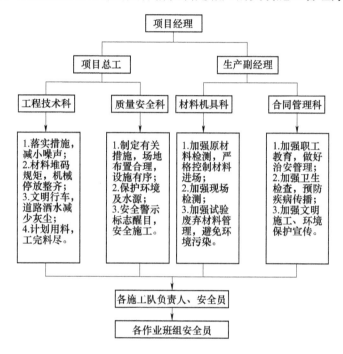

图 4-8 文明施工管理组织机构

4.3.5 文明施工组织措施

1）施工现场沿工地四周连续设置围挡，不得留有缺口，并根据地质、气候、围挡材料进行设计与计算，确保围挡的稳定性、安全性，围挡材料应坚固、稳定、整洁、美观，高度一般应高于1.80m。

2）现场应当有固定的出入口，出入口处应设置大门，大门应牢固美观，并标有企业名称或企业标识，出入口处应当设置专职门卫、保卫人员，制定门卫管理制度及交接班记录制度。

3）施工现场的进口处应有整齐明显的"五牌一图"，即工程概况牌、管理人员名单及监督电话牌、消防保卫牌、安全生产牌、文明施工牌及施工现场总平面图；在办公区、生活区设置"两栏一报"，即读报栏、宣传栏和黑板报，丰富学习内容，表扬好人好事。

4）在施工现场的危险部位和有关设备、设施上设置安全警示标志，如施工现场入口处、施工起重机械、临时用电设施、脚手架、出入通道口、楼梯口、电梯井口、孔洞口、桥梁口、隧道口、基坑边沿、爆破物及有害危险气体和液体存放处，提醒、警示进入施工现场的管理人员、作业人员和有关人员，要时刻认识到所处环境的危险性，随时保持清醒和警惕，避免事故发生。

5）现场建筑材料的堆放应根据用量大小、使用时间长短、供应与运输情况确定，用量大、使用时间长、供应运输方便的，应当分期分批进场，以减少堆场和仓库面积；各种工具、构件、材料的堆放必须按照总平面图规定的位置放置；各种材料物品必须堆放整齐。

6）作业区及建筑物楼层内，要做到工完场地清，拆模时应当随拆随清理运走，不能马上运走的应码放整齐。各楼层清理的垃圾不得长期堆放在楼层内，应当及时运走，施工现场的垃圾也应分类集中堆放。

7）施工现场场地应当整平，清除障碍物，无坑洼和凹凸不平，雨季不积水，暖季应适当绿化，现场应具有良好的排水系统，设置排水沟及沉淀池，现场废水不得直接排入市政污水管网和河流，现场存放的油料、化学剂等应设有专门的库房，地面应进行防渗漏处理，且经常洒水，对粉尘源进行覆盖遮挡。

4.3.6 环境保护措施

1. 大气污染防治措施

1）施工现场宜采取硬化措施，其中主要道路、料场、生活办公区域必须进行硬化处理，土方应集中堆放。裸露的场地和集中堆放的土方应采取覆盖、固化或绿化等措施。

2）使用密目式安全网对在建建筑物、构筑物进行封闭，防止施工过程扬尘。

3）从事土方、渣土和施工垃圾运输应采用密闭式运输车辆或采取覆盖措施。

4）施工现场出入口处应采取保证车辆清洁的措施。

5）施工现场应根据风力和大气湿度的具体情况，进行土方回填、转运作业。

6）水泥和其他易飞扬的细颗粒建筑材料应密闭存放，砂石等散料应采取覆盖措施。

7）施工现场混凝土搅拌场所应采取封闭、降尘措施。

8）建筑物内施工垃圾的清运，应采用专用封闭式容器吊运或传送，严禁凌空抛撒。

9）施工现场应设置密闭式垃圾站，施工垃圾、生活垃圾应分类存放，并及时清运出场。

10）城区、旅游景点、疗养区、重点文物保护地及人口密集区的施工现场应使用清洁能源。

11）施工现场的机械设备、车辆的尾气排放应符合国家环保排放标准要求。

2. 水污染防治措施

1）施工现场应设置排水沟及沉淀池，现场废水不能直接排入市政污水管网和河流。

2）现场存放的油料、化学溶剂等应设有专门的库房，地面应进行防渗漏处理。

3）食堂应设置隔油池，并应及时清理。

4）厕所的化粪池应进行抗渗处理。

5）食堂、盥洗室、淋浴间的下水管线应设置隔离网，并应与市政污水管线连接，保证排水通畅。

3. 噪声污染防治措施

1）施工现场应按照现行国家标准《建筑施工场界环境噪声排放标准》（GB 12523—2011）制定降噪措施，并应对施工现场的噪声值进行检测和记录。

2）施工现场的强噪声设备宜设置在远离居民区的一侧。

3）对因生产工艺要求或其他特殊需要，确需在 22 时至次日 6 时期间进行强噪声施工的，施工前建设单位和施工单位应到有关部门提出申请，经批准后方可进行夜间施工，并公告附近居民。

4）夜间运输材料的车辆进入施工现场，严禁鸣笛，装卸材料应做到轻拿轻放。

5）对产生噪声和振动的施工机械、机具的使用，应当采取消声、吸声、隔声等措施，有效控制降低噪声。

4. 施工照明污染防治措施

夜间施工严格按照建设行政主管部门和有关部门的规定执行，对施工照明器具的种类、灯光亮度加以严格控制，特别是在城市市区居民居住区内，减少施工照明对城市居民的危害。

5. 固体废弃物污染防治措施

施工车辆运输砂石、土方、渣土和建筑垃圾，采取密封、覆盖措施，避免泄漏、遗撒，并按指定地点倾卸，防止固体废弃物污染环境。

4.4 特殊季节施工保障措施

4.4.1 夏季施工保障措施

从气候学意义上讲：连续五天平均温度超过 22℃算作夏季，直到五天平均温度低于22℃算作秋季。夏季气温高是最显著的气候特征，因此，在夏季进行建筑工程施工，必须采取相应的施工保障措施，保证工程按期保质保量完成。

1）夏季施工时，应避免中午施工，合理调整施工作业时间。

2）夏季要防止雷电袭击，在施工现场的塔式起重机、人货电梯、操作平台应采取适当的防雷装置，接闪杆应装在建筑物最高端，接闪杆、接地器械必须采用双面焊。

3）夏季施工应做好防暑降温工作，合理安排休息时间，尽量错开中午高温工作时间，必要时可针对作业人员开展夏季防暑降温知识专项培训，提高自身夏季工作保护能力。

4）加强对食堂环境卫生、食品卫生、饮水点、职工休息场所等场所的安全、卫生监督检查，从源头上把关，杜绝夏季食物中毒和肠道传染疾病的发生。

5）爆破所用的炸药和雷管等易燃易爆物品必须按照有关安全规定妥善保管，不得随意在阳光下暴晒。

6）夏季气温高，干燥快，新浇的混凝土可能出现凝结速度加快、强度降低等现象，这时进行混凝土的浇筑、修整和养护等作业时应特别细心。

① 混凝土拌制时应采取措施控制混凝土的升温，并以此控制附加水量，减小坍落度损失，减少塑性收缩开裂。在混凝土拌制、运输过程中可使用减水剂或以粉煤灰取代部分水泥以减小水泥用量，同时在混凝土浇筑条件允许的情况下增大骨料粒径，若混凝土拌合物的运输距离比较长，可以用缓凝剂控制混凝土的凝结时间，但应注意缓凝剂的掺量应合理，对于大面积的混凝土地坪工程尤其如此。对于高温季节里长距离运输混凝土的情况，可以考虑搅拌车的延迟搅拌，使混凝土到达工地时仍处于搅拌状态。对于需要较高坍落度的混凝土拌合物，应使用高效减水剂，减少拌和过程中骨料颗粒之间的摩擦，减缓拌和筒中的热积聚。在满足施工规范要求的情况下，可向骨料堆中洒水，降低混凝土骨料的温度，如有条件的情况下，用地下水或井水喷洒，冷却效果更好。在炎热气候条件下浇筑混凝土时，要求配备足够的人力、设备和机具，以便及时应付预料不到的不利情况。例如在夏季混凝土施工时，振动设备较易发热损坏，故应准备好备用振动器，与混凝土接触的各种工具、设备和材料等，不要直接接受阳光暴晒，必要时应洒水冷却，厚度较薄的楼面或屋面，应安排在夜间施工，使混凝土水分不致蒸发过快而形成收缩裂缝。夏季浇筑的混凝土，如养护不当，会造成混凝土强度降低或表面出现塑性收缩裂缝等，因此必须加强对混凝土的养护。在修整作业完成后或混凝土初凝后应立即进行养护，在混凝土浇筑后7天内，应保证混凝土处于充分湿润状态，并严格遵守国家标准规定的养护龄期，对于大面积的板类工程，混凝土浇捣前必须使木模吸足水分，遇到面积较大时，可用草包加以覆盖，并浇水保持混凝土梁柱框架结构湿润，在完成规定的养护拆模时，最好为其表面提供潮湿的覆盖层。

② 高温季节砌砖，要特别强调砖块的浇水，除利用清晨或夜间提前将集中堆放的砖块充分浇水湿透外，还应在临砌之前适当地浇水，使砖块保持湿润，防止砂浆失水过快影响砂浆强度和粘结力。砌筑砂浆的稠度要适当加大，使砂浆有较大的流动性。灰缝容易饱满，亦可在砂浆中掺入塑化剂，以提高砂浆的保水性。砂浆应随拌随用，对关键部位砌体，要进行必要的遮盖、养护。

③ 抹灰前应在砌体表面洒水湿润，防止砂浆脱水造成开裂、起壳、脱落，抹灰后要加强养护工作。外墙面的抹灰，应避免在强烈日光直射下操作，砂浆级配要准确，应根据工作量，有计划地随配随用，为提高砂浆的保水性，可按规定要求掺入外加剂。

④ 无论是刚性还是柔性防水屋面施工，均严禁在高温烈日下进行操作，刚性屋面混凝

土施工气温在 5 ～ 35℃时进行，尽量做到随捣随抹，施工完毕要根据气候情况及时覆盖草包，及时进行浇水养护。

⑤ 安装吊装设备现场用电要有专人管理，各种电线接头应装入开关箱内，用后加锁，塔式起重机或长臂杆等起重设备，应有避雷设施。现场电焊、气焊要有专人看火管理，焊接场周围 5m 以内严禁堆放易燃品，用火场应配备消防器材、器具和消火栓，现场用空压机罐、乙炔瓶、氧气瓶等，应在安全可靠地点存放，使用要建立制度，按安全规程操作，并加强检查。电焊机、氧气瓶、乙炔发生器等在夏季使用时，应采取措施，避免烈日暴晒，与火源应保持 10m 以上的距离，此外还应防止与机械油接触，以免发生爆炸。

4.4.2　冬期施工保障措施

《建筑工程冬期施工规程》（JGJ/T 104—2011）的规定，根据当地多年气象资料统计，当室外日平均气温连续 5 天稳定低于 5℃即进入冬期施工；当室外日平均气温连续 5 天稳定高于 5℃时解除冬期施工。凡进行冬期施工的工程项目，应编制冬期施工专项方案；对不能适应冬期施工要求的问题应及时与设计单位研究解决。

1. 建筑地基基础工程

1）冬期施工的地基基础工程，除应有建筑场地的工程地质勘察资料外，尚应根据需要提出地基土的主要冻土性能指标。

2）建筑场地宜在冻结前清除地上和地下障碍物、地表积水，并应平整场地与通道。冬季应及时清除积雪，春融期间应做好排水。

3）对建筑物、构筑物的施工控制坐标点、水准点及轴线定位点的埋设，应采取防止土壤冻胀、融沉变位和施工振动影响的措施，并应定期复测校正。

4）在冻土上进行桩基础和强夯施工时所产生的振动，对周围建筑物及各种设施有影响时，应采取隔振措施。

5）靠近建筑物、构筑物基础的地下基坑施工时，应采取防止相邻地基土遭冻的措施。

6）同一建筑物基槽（坑）开挖时应同时进行，基底不得留冻土层。基础施工中，应防止地基土被融化的雪水或冰水浸泡。

2. 砌体工程

1）冬期施工所用材料应符合下列规定：

① 砖、砌块在砌筑前，应清除表面污物、冰雪等，不得使用遭水浸和受冻后表面结冰、污染的砖或砌块。

② 砌筑砂浆宜采用普通硅酸盐水泥配制，不得使用无水泥拌制的砂浆。

③ 现场拌制砂浆中不得含有直径大于 10mm 的冻结块或冰块。

④ 石灰膏、电石渣膏等材料应有保温措施，遭冻结时应经融化后方可使用。

⑤ 砂浆拌和水温不宜超过 80℃，砂加热温度不宜超过 40℃，且水泥不得与 80℃以上热水直接接触；砂浆稠度宜较常温适当增大，且不得二次加水调整砂浆和易性。

2）砌筑间歇期间，宜及时在砌体表面进行保护性覆盖，砌体面层不得留有砂浆。继续砌筑前，应将砌体表面清理干净。

3）砌体工程宜选用外加剂法进行施工，对绝缘、装饰等有特殊要求的工程，应采用其他方法。

4）施工日记中应记录大气温度、暖棚内温度、砌筑时砂浆温度、外加剂掺量等有关资料。

5）砂浆试块的留置，除应按常温规定要求外，尚应增设一组与砌体同条件养护的试块，用于检验转入常温 28d 的强度。如有特殊需要，可另外增加相应龄期的同条件试块。

3. 钢筋工程

1）钢筋调直冷拉温度不宜低于 –20℃。预应力钢筋张拉温度不宜低于 –15℃。

2）钢筋负温焊接，可采用闪光对焊、电弧焊、电渣压力焊等方法。当采用细晶粒热轧钢筋时，其焊接工艺应经试验确定，当环境温度低于 –20℃时，不宜施焊。

3）负温条件下使用的钢筋，施工过程中应加强管理和检验，钢筋在运输和加工过程中应防止撞击和刻痕。

4）钢筋张拉与冷拉设备、仪表和液压工作系统油液应根据环境温度选用，并应在使用温度条件下进行配套校验。

5）当环境温度低于 –20℃时，不得对 HRB335、HRB400 钢筋进行冷弯加工。

4. 混凝土工程

1）冬期浇筑的混凝土，其受冻临界强度应符合下列规定：

① 采用蓄热法、暖棚法、加热法等施工的普通混凝土，采用硅酸盐水泥、普通硅酸盐水泥配制时，其受冻临界强度不应小于设计混凝土强度等级值的 30%；采用矿渣硅酸盐水泥、粉煤灰硅酸盐水泥、火山灰质硅酸盐水泥、复合硅酸盐水泥时，不应小于设计混凝土强度等级值的 40%。

② 当室外最低气温不低于 –15℃时，采用综合蓄热法、负温养护法施工的混凝土受冻临界强度不应小于 4.0MPa；当室外最低气温不低于 –30℃时，采用负温养护法施工的混凝土受冻临界强度不应小于 5.0MPa。

③ 对强度等级等于或高于 C50 的混凝土，不宜小于设计混凝土强度等级值的 30%。

④ 对有抗渗要求的混凝土，不宜小于设计混凝土强度等级值的 50%。

⑤ 对有抗冻耐久性要求的混凝土，不宜小于设计混凝土强度等级值的 70%。

⑥ 当采用暖棚法施工的混凝土中掺入早强剂时，可按综合蓄热法受冻临界强度取值。

⑦ 当施工需要提高混凝土强度等级时，应按提高后的强度等级确定受冻临界强度。

2）混凝土的配制宜选用硅酸盐水泥或普通硅酸盐水泥，并应符合下列规定：

① 当采用蒸汽养护时，宜采用矿渣硅酸盐水泥。

② 混凝土最小水泥用量不宜低于 $280kg/m^3$，水胶比不应大于 0.55。

③ 大体积混凝土的最小水泥用量，可根据实际情况决定。

④ 强度等级不大于 C15 的混凝土，其水胶比和最小水泥用量可不受以上限制。

3）拌制混凝土所用骨料应清洁，不得含有冰、雪、冻块及其他易冻裂物质。掺加含有钾、钠离子的防冻剂混凝土，不得采用活性骨料或骨料中混有此类物质的材料。

4）冬期施工混凝土选用外加剂应符合现行国家标准《混凝土外加剂应用技术规范》（GB 50119—2013）的相关规定。非加热养护法混凝土施工，所选用的外加剂应含有引气组分或掺入引气剂，含气量宜控制在 3.0% ~ 5.0%。

5）钢筋混凝土掺用氯盐类防冻剂时，氯盐掺量不得大于水泥质量的 1.0%。掺用氯盐的混凝土应振捣密实，且不宜采用蒸汽养护。

6）在下列情况下，不得在钢筋混凝土结构中掺用氯盐：

① 排出大量蒸汽的车间、浴池、游泳馆、洗衣房和经常处于空气相对湿度大于 80% 的房间以及有顶盖的钢筋混凝土蓄水池等在高湿度空气环境中使用的结构。

② 处于水位升降部位的结构，预应力混凝土结构。

③ 露天结构或经常受雨、水淋的结构。

④ 有镀锌钢材或铝铁相接触部位的结构和有外露钢筋、预埋件而无防护措施的结构。

⑤ 与酸、碱或硫酸盐等侵蚀介质相接触的结构。

⑥ 使用过程中经常处于环境温度为 60℃ 以上的结构。

⑦ 使用冷拉钢筋或冷拔低碳钢丝的结构。

⑧ 薄壁结构，中级和重级工作制吊车梁、屋架、落锤或锻锤基础结构。

⑨ 电解车间和直接靠近直流电源的结构。

⑩ 直接靠近高压电源（发电站、变电所）的结构。

7）模板外和混凝土表面覆盖的保温层，不应采用潮湿状态的材料，也不应将保温材料直接覆盖在潮湿的混凝土表面，新浇混凝土表面应铺一层塑料薄膜。

8）采用加热养护的整体结构，浇筑程序和施工缝位置的设置，应采取能防止产生较大温度应力的措施。当加热温度超过 45℃ 时，应进行温度应力核算。

9）型钢混凝土组合结构，浇筑混凝土前应对型钢进行预热，预热温度宜大于混凝土入模温度。

5．保温及屋面防水工程

1）保温工程、屋面防水工程冬期施工应选择晴朗天气进行，不得在雨、雪天和五级风及其以上或基层潮湿、结冰、霜冻条件下进行。

2）保温及屋面工程应依据材料性能确定施工气温界限，最低施工环境气温宜符合表 4-11 规定。

表 4-11　保温及屋面工程施工环境气温要求

防水与保温材料	施工环境气温
粘结保温板	有机胶粘剂不低于 −10℃；无机胶粘剂不低于 5℃
现喷硬泡聚氨酯	15 ～ 30℃
高聚物改性沥青防水卷材	热熔法不低于 −10℃
合成高分子防水卷材	冷粘法不低于 5℃；焊接法不低于 −10℃
高聚物改性沥青防水涂料	溶剂型不低于 5℃；热熔型不低于 −10℃
合成高分子防水涂料	溶剂型不低于 −5℃
防水混凝土、防水砂浆	符合《建筑工程冬期施工规程》（JGJ/T 104—2011）混凝土、砂浆相关规定
改性石油沥青密封材料	不低于 0℃
合成高分子密封材料	溶剂型不低于 0℃

3）保温和防水材料进场后，应存放于通风、干燥的暖棚内，并严禁接近火源和热源。棚内温度不宜低于 0℃，且不得低于表 4-11 规定的温度。

4）屋面防水施工时，应先做好排水比较集中的部位，凡节点部位均应加铺一层附加层。

5）施工时，应合理安排隔气层、保温层、找平层、防水层的各项工序，连续操作，已完成部分应及时覆盖，防止受潮与受冻。穿过屋面防水层的管道、设备或预埋件，应在防水施工前安装完毕并做好防水处理。

6. 建筑装饰装修工程

1）室外建筑装饰装修工程施工不得在五级及以上大风或雨、雪天气下进行。施工前，应采取挡风措施。

2）外墙饰面板、饰面砖以及陶瓷锦砖饰面工程采用湿贴法作业时，不宜进行冬期施工。

3）外墙抹灰后需进行涂料施工时，抹灰砂浆内所掺的防冻剂品种应与所选用的涂料材质相匹配，具有良好的相溶性，防冻剂掺量和使用效果应通过试验确定。

4）装饰装修施工前，应将墙体基层表面的冰、雪、霜等清理干净。

5）室内抹灰前，应提前做好屋面防水层、保温层及室内封闭保温层。

6）室内装饰施工可采用建筑物正式热源、临时性管道或火炉、电气取暖。若采用火炉取暖时，应采取预防煤气中毒的措施。

7）室内抹灰、块料装饰工程施工与养护期间的温度不应低于 5℃。

8）冬期抹灰及粘贴面砖所用砂浆应采取保温、防冻措施。室外用砂浆内可掺入防冻剂，其掺量应根据施工及养护期间环境温度经试验确定。

9）室内粘贴壁纸时，其环境温度不宜低于 5℃。

7. 钢结构工程

1）在负温下进行钢结构的制作和安装时，应按照负温施工的要求，编制钢结构制作工艺规程和安装施工组织设计文件。

2）钢结构制作和安装采用的钢尺和量具，应和土建单位使用的钢尺和量具相同，并应采用同一精度级别进行鉴定。土建结构和钢结构应采取不同的温度膨胀系数差值调整措施。

3）钢结构在正温下制作、负温下安装时，施工中应采取相应调整偏差的技术措施。

4）参加负温钢结构施工的电焊工应经过负温焊接工艺培训，并应取得合格证，方能参加钢结构的负温焊接工作。定位焊工作应由取得定位焊合格证的电焊工来担任。

8. 混凝土构件安装工程

1）混凝土构件运输及堆放前，应将车辆、构件、垫木及堆放地的积雪、结冰清除干净，场地应平整、坚实。

2）混凝土构件在冻胀性土壤的自然地面上或冻结前回填土地面上堆放时，应符合下列规定：

① 每个构件在满足刚度、承载力条件下，应尽量减少支撑点数量。

② 对于大型板、槽板及空心板等板类构件，两端的支点应选用长度大于板宽的垫木。

③ 构件堆放时，如支点为两个及以上时，应采取可靠措施防止土壤的冻胀和融化下沉。

④ 构件用垫木垫起时，地面与构件的间隙应大于 150mm。

3）在回填冻土并经一般压实的场地上堆放构件时，当构件重叠堆放时间长，应根据构件质量，尽量减少重叠层数，底层构件支垫与地面接触面积应适当加大。在冻土融化之前，应采取防止因冻土融化下沉造成构件变形和破坏的措施。

4）构件运输中，混凝土强度不得小于设计混凝土强度等级的 75%，在运输车上的支点设置应按设计要求确定。对于重叠运输的构件，应与运输车固定并防止滑移。

9. 越冬工程维护

1）对于有采暖要求，但却不能够保证正常采暖的新建工程，跨年施工的在建工程以及停建、缓建工程等，在入冬前均应编制越冬维护方案。

2）越冬工程保温维护，应就地取材，保温层的厚度应由热工计算确定。

3）在制定越冬维护措施之前，应认真检查核对有关工程地质、水文、当地气温以及地基土的冻胀特征和最大冻结深度等资料。

4）施工场地和建筑物周围应做好排水，地基和基础不得被水浸泡。

5）在山区坡地建造的工程，入冬前应根据地表水流动的方向设置截水沟、泄水沟，但不得在建筑物底部设暗沟和盲沟疏水。

6）凡按采暖要求设计的房屋竣工后，应及时采暖，室内温度不得低于5℃。当不能满足上述要求时，应采取越冬防护措施。

4.4.3　雨期施工保障措施

雨季是指一年中降水相对集中的季节，即每年降水比较集中的湿润多雨季节。在我国，南方雨季为4～9月，北方为6～9月，雨季结束是北方早，南方迟，一般前后相差20天左右。

1. 施工前准备工作

结合项目部及工程实际情况，可组建由项目经理为核心的雨期施工领导小组对雨期施工工作进行具体安排。领导小组成员可参考前两节内容中工程质量保障领导小组、工程进度保障领导小组进行成员安排。

在工程项目施工进入雨季之前，施工单位应提前做好雨期施工专项施工计划，提出雨期施工专用设备及材料的使用计划，对不适宜雨期施工的工程要提前或暂缓安排，土方工程、基础工程、地下构筑物工程等雨期不能间断施工的，要调集人力组织快速施工，尽量缩短雨期施工时间。根据"晴外、雨内"的原则，雨天尽量缩短室外作业时间，加强劳动力调配，组织合理的工序穿插，利用各种有利条件减少防雨措施的资金消耗，保证工程质量，加快施工进度。现场临时用电线路要保证绝缘性良好，架空设置，电源开关箱要有防雨设施，施工用水管线要进入地下，不得有渗漏现象，阀门应有保护措施。同时做好施工场地排水规划，按施工现场地势情况，在建筑物周围、材料库、料场、作业棚附近挖好排水沟，并与道路排水沟连接，使雨水有组织地汇入场内原有的排水系统。易受雨水浸润变质的材料、构配件应覆盖好或存入库中，必要时垫高摆放，如袋装水泥、钢材、门窗等。现场的临时设备、机械设备的配电箱等，要加强防雨措施，确保用电安全。工地现场作业人员要提前进行雨期施工安全教育，防止发生电击、高空坠落及淹亡等安全事故。在雨季来临之前，要准备充足的防雨材料，例如抽水泵、防水彩条带、水龙带、雨衣、雨鞋。

2. 施工技术措施

（1）土方和基础工程施工　土方工程和基础工程受雨水影响较大，所以在雨期施工中在开挖基槽（坑）和沟管时，应注意边坡稳定；为防止被雨水冲塌，可在边坡上加钉钢丝网片，并抹上10cm厚细石混凝土；同时可用塑料布遮盖边坡；雨期施工工作面不宜过大，应逐段、逐片分期完成。基础挖至设计标高后，及时验收并浇筑混凝土垫层。做好挖方回填等恢复基坑承载力工作，避免雨水浸泡基础；开挖时要在坑内做好排水沟、集水井并组织好必要的排水力量，防止基坑浸泡；对于位于地下的池子和地下室，施工时要进行细致的研究。自动排出雨水可以用对雨前回填的土方进行碾压并使其表面形成一定坡度的方法；如果发生降雨量大的情况，大面积的土方施工应停止；对于堆积在施工现场的土方，应在四周做好防止雨水冲刷的措施。基础施工完毕，应抓紧基坑四周的回填工作。

（2）混凝土工程施工　模板隔离层在涂刷前一定要查看天气预报，这样做的目的是防止雨水冲走隔离层；遇到大雨应停止浇筑混凝土，已浇部位应加以覆盖。现浇混凝土应根据不同的结构情况以及可能发生的情况，多考虑几道施工缝留设位置；雨期施工时，应加强对混凝土粗细骨料含水量的测定，及时调整用水量；大面积混凝土浇筑前，一定要及时知道未来 2～3 天的天气情况，尽量避开大雨。同时混凝土浇筑现场要预备大量防雨材料，在浇筑时遇雨进行覆盖；模板支撑下回填要夯实，并加好垫板，雨后及时检查有无下沉。

（3）屋面工程和抹灰工程施工

1）屋面工程。最好在雨季开始前对屋面工程卷材防水屋面进行施工，与此同时安装好屋面的雨水管；雨天严禁油毡屋面施工，油毡、保温材料不准水淋；雨期屋面工程应采用湿铺法施工工艺。湿铺法就是在潮湿的基层上铺设卷材，先喷刷 1～2 道冷底子油，为了防止基层浸水，应该在水泥砂浆凝结初期进行喷刷工作。

2）抹灰工程。不准在雨天进行室外抹灰。要防止雨水污染已经施工的墙面，室内抹灰尽量在做完屋面后进行，至少已做屋面找平层，并已铺一层油毡。

（4）钢筋工程　雨季空气比较潮湿，因此要根据施工现场的需要和气候条件组织钢筋进场，避免钢筋进场后长时间放置而锈蚀；若遇到持续时间较长的阴雨天，应对钢筋进行覆盖；现场堆放的钢筋应放置于地势较高、不受雨水侵蚀的位置，对于进场后的钢筋及加工成型的钢筋，应尽量放置于钢筋加工棚内。在现场进行焊接连接的钢筋或配件，尽可能避免在雨天施焊，以免钢筋在施焊过程中被雨水浇淋，接头骤冷发生脆裂从而降低钢筋的焊接质量，若无法避开雨天施工，应当采取必要的挡雨措施，比如搭临时防雨棚等。钢筋绑扎完下雨时，雨停后则必须清除钢筋生锈所造成的模板污染，以免楼板混凝土成型后造成在板底沿钢筋方向铁锈污染。

（5）模板工程　模板在支设完遇雨，应及时检查模板变形情况，防止几何尺寸误差加大。模板脱模剂应选用防雨水冲刷性的材料，同时模板不要直接支撑在地面上，以防模板变形，影响质量。木模板在模板拆除后，应当放置于干燥处，并防止雨淋而变形，当天气由潮湿转向晴朗高温天气时，木模板严禁在阳光下暴晒，以防变形、开裂从而降低模板的周转次数或影响混凝土成型后的质量。竖向构件模板在雨后要对其底部进行清扫，防止积水造成混凝土缺陷。

（6）脚手架工程　雨期施工之前需对外脚手架进行全面检查，特别是对脚手架的垂直度、扫地杆情况、拉结点、屋顶防雷接地保护要重点检查，脚手架立杆底座必须牢固，并有扫地杆、外脚手架与墙体拉结牢固。屋面的防雷必须要与主楼的防雷连接好，接地电阻符合规范要求。脚手架、龙门架地基应坚实，立杆底脚必须设置垫木，外脚手架坐落于回填土上的部分应确保回填质量，土体应夯实，设置好坡度并设好排水沟，同时保证排水通畅，避免脚手架基础被水浸泡。雨天、大风天应停止在外脚手架上的施工，大雨或者大风之后要对外脚手架进行全面检查并认真清扫，确认无沉降、变形和松动，拉结牢固后方可使用。屋面施工必须设置防护栏杆。

（7）装饰装修工程　雨天室内施工时，应避免操作人员将泥水带入室内造成污染，一旦污染楼地面应及时清理干净。装修用木制品必须在室内存放，并架空放置，门窗等必须立放，防止变形。外装修应避免雨天作业，已完成的部分，应注意保护，以防雨水冲刷。大雨过后，要对屋面、墙体、门窗等防水质量进行检查，发现问题立即处理。施工预留孔洞（如顶板孔洞、穿地下室外墙的套管）在雨季来临之前，应采取封堵措施，防止雨水进入建筑物内。

（8）设备安装工程　对原材料及半成品的保护，能进入仓库或楼内的要垫高码放并保证通风良好，尤其是进场的保温材料严禁被雨淋和浸泡，必须及时采取防雨水措施。机电库房应有相应的防水措施，宜在存放电气材料或其他须防潮材料设备的库房设置排风机，保持库房内通风。对露天堆放的材料（如管道）或设备应垫高，遇雨时用塑料布覆盖，进场的机电设备开箱后必须采取防雨措施，并尽量减少露天存放。设备预留孔洞应做好防雨措施，如施工现场地下部分的设备已安装完毕，要采取措施防止设备受潮、被雨水浸泡。雨天时不应进行室外电焊作业，室内电焊作业应注意作业区的干燥，雨季电焊作业前宜烘干焊条，在狭小空间焊接操作时，应有有效通风设施。雨天不宜进行设备吊装作业。

3. 雨期施工的防雷装置

雷雨时应严禁现场人员在高墙旁、大树下避雨，或停留在接近电杆、铁塔、架空电线等易发生雷击的场所和避雷针的接地导线周围10m以内的区域，以防止雷击造成人身事故。在施工现场高出建筑物的塔式起重机、井架、电梯、钢管脚手架等都必须设防雷装置。接闪杆应安装在塔式起重机、井架、电梯、钢管脚手架的最高顶点处，接地线需用截面积不少于16mm^{2}的铝导线，或截面积不少于12mm^{2}的铜导线，接地体可用长度1.5m、厚度不小于2.55mm的钢管或L50×5的角钢制成。防雷装置埋设好后应测定其电阻值，其电阻值不应小于10Ω。

4. 雨期施工其他措施

脚手架及高空作业的安全措施：雨期施工常会发生脚手架下沉，塔机被暴风刮倒等事故。因此，脚手架及高耸设备应加固，地基土应牢靠，脚手架应增设防滑条等。

雨期高处作业应防止摔倒、触电而引发的事故；高空作业人员必须佩戴安全带，脚手架设防护栏安全网，对各类电气设备及线路应做到经常检查及保护维修等。

其他注意事项：加强和气象站联系，注意一切工作、生活的安全；对各种电气设备、机具加强监护，防止发生漏电危险；加强值勤工作，下雨时必须认真巡查工地，发现问题及时处理；检查办公、生产、生活用房质量，做到防漏，尤其注意做好受潮后易变质材料（如生石灰粉、水泥、钢材）的保管工作，责任到人；做好防汛、防台风工作，成立以项目经理为组长的防汛、防台风小组。

4.4.4 农忙季节及节假日期间施工保障措施

建筑施工人员流动性大，不仅体现在一项工程中，当一座厂房、一栋楼房完成后，施工队伍就要转移到新的地点去建设新的厂房或住宅。这些新的工程可能在同一个街区，也可能在不同的街区，甚至可能是在另一个城市，施工队伍就要相应在街区、城市内或者地区间流动。改革开放以来，由于用工制度的改革，施工队伍中绝大多数施工人员是来自农村的农民工，他们不但要随工程流动，而且还会根据季节的变化（农忙、农闲）流动，给工程进度、安全管理带来很大的困难。

1）提前做好农忙季节及节假日期间施工进度保障措施计划，对工期进度计划进行合理安排，在不影响总工期的情况下，把大量使用劳动力的工序尽可能提前或延后，尽量不安排在农忙及传统节假日。调整工序，增加流水作业段，在施工黄金季节时加大劳力的投入量，交叉施工。

2）可采取浮动薪酬制，提高在岗工人的待遇，对在农忙季节及节假日施工期间贡献大的生产班组给予奖励，对在岗工人进行经济补助，激发工人工作热情。

3）科学、合理采用新工艺、新设备、新技术，降低劳动强度，减少劳动用工，在满足施工需要的前提下保证施工人员少而精。

4）保证材料及外加工构件的供应。开工前组织有关人员做好分部分项工程工料分析表，根据施工图预算提出材料、成品、半成品加工订货及供应计划。做好施工机械的落实以及材料的采供工作。根据施工进度计划确定材料进场时间。

5）做好土建与安装的配合协调。在施工中，双方要相互创造条件，合理穿插作业，同时均要注意保护对方的成品和半成品。在项目经理的统一安排下，定期召开现场协调会，积极主动解决好各工种之间的配合等方面的问题。选派经验丰富的施工队伍，集中施工力量，充实组织管理机构，按施工进度计划网络图，合理安排劳动力及材料供应，提高施工效率。根据工程结构特点，分出主次部位，按照施工顺序、施工工艺进行立体交叉作业，以确保工程按期完成。

复习思考题 //

1. 建筑施工质量保障机构主要包括哪些成员？
2. 保障工程正常施工的质量保障措施有哪些？

3．施工进度控制的保障措施有哪些？

4．在施工过程中，企业各部门的安全职责包括哪些？

5．雨季应该如何保障施工质量及进度？

习题 //

　　某公司在市郊进行一栋 33 层高楼居民住房建设，目前房屋已建设完成 10 层楼的外框架结构，但是市建设局在对其安全检查过程中发现该公司存在很多问题，立即对其发布停工令并要求限期内完成整改后才能继续施工。

　　1．试分析一下该公司是因为哪些问题而受到处罚。

　　2．在完成整改后，该公司施工进度受到影响，可以采取哪些措施来使工程在保障施工质量的前提下赶上原定施工进度计划？

　　3．如果施工时正好赶上雨季，还应采取哪些措施保证施工进度及质量？

第5章
单位工程施工组织设计任务书及指导书

1. 掌握单位工程施工组织设计的步骤;
2. 掌握单位工程施工组织设计的内容和要求。

能够进行简单单位工程施工组织设计编制。

5.1 单位工程施工组织设计任务书

5.1.1 设计目的

通过本课程设计,熟悉单位工程施工组织设计的步骤,掌握单位工程施工组织设计的基本内容及编制方法,掌握工程项目进度计划中横道图和网络图的绘制。使学生在实际工作中,能根据建筑特点和现场施工条件,选择科学、合理的施工方案和可靠的施工措施,达到经济、安全、合理的施工要求;巩固所学理论知识,并运用所学知识分析和解决单个建筑物的施工组织问题。

5.1.2 设计内容和要求

1)施工方案选择的步骤如下:
① 确定总施工程序和施工顺序。
② 划分施工段,确定施工流水方向。
③ 选择施工机械类型及台数。
④ 确定相应分部分项工程的施工方法。

2)按照确定的施工顺序和需要的资源,计算出时间参数,编制出单位工程的施工进度计划,要求逻辑关系正确,计算数据准确。

3)根据确定的施工程序和施工顺序绘制基础工程及主体一层的时标网络计划。

4）根据时标网络计划绘制出劳动力需要量曲线。

5）绘制施工平面图。

6）提出保证工程质量、进度和安全，文明施工的技术组织措施及合理化建议。

5.1.3 设计资料

1. 工程概况

某住宅楼工程，平面为四个标准单元组合，共四层，建筑面积为3278m²，层高为3.0m。其单元平面图、单元组合图如图5-1、图5-2所示。

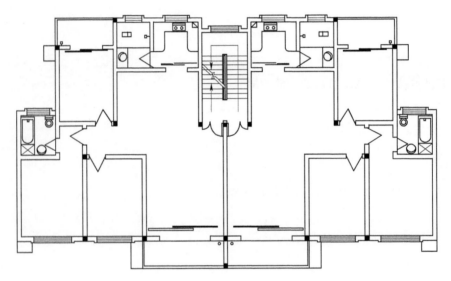

图 5-1 单元平面图

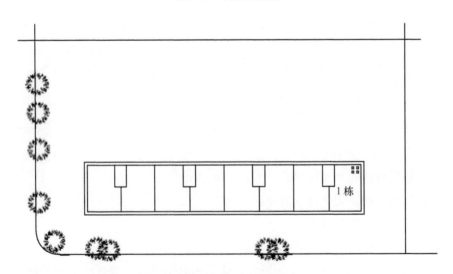

图 5-2 单元组合图

住宅楼建设工程为现浇钢筋混凝土框架结构，采用钢筋混凝土独立基础，现场地势较平，根据地质勘察资料，建筑物所在地的地下水位较低，施工时基底不会出现地下水。装修工程采用铝合金窗、胶合板门；外墙贴面砖；内墙为中级抹灰，普通涂料刷白；底层顶棚吊顶；楼地面贴地板砖；屋面用 200mm 厚加气混凝土块做保温层，上做 SBS 改性沥青防水层。估算总工期为 100 天左右。

2. 主要准备工作概况

1）建设资金已落实，并已拨至建设银行。施工合同已经签订，施工许可证已经办理。

2）施工现场"三通一平"工作已经就绪，图纸会审和技术交底已经完成。

3）主要钢材、水泥的货源已落实，并各有一定数量的实物。

4）施工方已做好开工前的各项准备工作。

3. 施工技术经济条件

1）混凝土采用商品混凝土。

2）现场水、电供应均取自城市管网。

3）各种施工机械、运输机具供应根据工程情况调配。

4）主要项目劳动量见表 5-1。

表 5-1　主要项目劳动量

分部分项工程名称		劳动量／工日
基础工程	机械开挖基础土方	6（台班）
	混凝土垫层	30
	基础绑扎钢筋	59
	基础模板	73
	基础混凝土	87
	回填土	150
主体工程	脚手架	313
	柱筋	135
	柱、梁、板、梯模板	2263
	柱混凝土	204
	梁、板、梯钢筋	801
	梁、板、梯混凝土	939
	拆模	398
	砌空心砖墙（含门窗框）	1095
屋面工程	加气混凝土保温隔热层（含找坡）	236
	屋面找平层	52
	屋面防水层	49

5.1.4　设计成果

1）施工平面布置图一张（A4）。

2）四层框架结构房屋施工进度计划（横道图）一张（A3）。

3）基础工程及主体一层的双代号时标网络图一张（A3）。

4）设计说明书一本，包含工程概况、施工方案选择、流水参数计算（A4 纸）。

5.1.5 课程设计成果要求

课程设计成果提交时间应该严格按照要求执行，除非课程设计过程中发生了导致成果提交时间变更和必须延误的事件，并且学校认可事件对设计延误的影响。

课程设计成果要求如下：内容翔实、数据来源有依据、可靠；文字条理清楚，表达明确、图表清晰。

课程设计要求本人独立完成，不许抄袭及雇用他人代笔，如果发生此类现象，本次课程设计将以不及格处理。

课程设计可以在以自己为主的前提下，鼓励就一些要点问题，大量查阅资料，收集并引用资料，但资料的引用必须是课程设计所必需的。

① 设计说明书封面。封面上应写明设计题目、学生姓名、专业、年级、指导教师姓名、完成日期。

② 目录。

③ 正文。正文格式要求：

纸张大小：A4 纸。

页边距：上 2.5cm、下 2.0cm、左 3.0cm、右 2.5cm。

行间距：1.5 倍行距。

页码编排：自正文开始，均采用阿拉伯数字编排。页码均用五号宋体居中排版。

字体：宋体。

字号：标题用"四号"加粗，正文用"小四号"字。

文档格式：Word 文档。

5.1.6 考核标准

成绩按优秀、良好、中、及格、不及格五等级评定：

1）整洁度、封面、编制说明——占 10%。

2）主观努力及出勤状况——占 40%。

3）文字部分、图纸部分——各占 50%。

5.2 单位工程施工组织设计指导书

5.2.1 设计原则

熟悉单位工程施工的有关原始资料，计算劳动量，确定施工班组人数和各项工程项目施工延续时间，选择合理的、先进的施工方案，准确把握各施工过程之间的逻辑关系，编制切合工程实际的单位工程施工组织设计。

5.2.2 有关设计方法指导

1. 熟悉有关原始资料

1）熟悉任务书中有关工程建筑结构情况、地点特征和施工准备工作概况。

2）熟悉对本设计的要求及设计时所用的有关资料。

3）在熟悉以上情况的基础上初步考虑施工方案。

2. 施工组织设计内容

（1）工程概况　工程概况主要包括工程特点、地点特征和施工条件等。

1）工程特点。

① 工程建设：主要包括拟建工程的建设单位、工程性质、名称、用途、工程造价、开竣工日期、设计及施工单位等。

② 建筑设计：主要包括平面组合、建筑面积、层数、层高、总高、总宽、总长、室内外装修的构造及做法等。

③ 结构设计：主要包括基础类型及埋深，主体结构的类型，墙、柱、梁、板的材料及截面尺寸，预制构件、楼梯形式等。

④ 施工特点：主要包括工程施工的重点、关键。

2）地点特征。主要包括拟建工程的位置、地形、地质、地下水位、水质、水质气温、主导风向、地震烈度等。

3）施工条件。主要包括"三通一平"情况，交通运输条件，资源供应的情况，施工单位机械、设备、劳动力的落实情况，现场临时设施等。

（2）施工方案及施工方法　拟定施工方法时，应着重考虑影响整个单位工程施工的全部分项工程的施工程序和施工流向，多层建筑除了突出平面上的流向外还应突出分层施工的施工流向。

1）确定施工项目。根据工程设计概况和工程量一览表，将单位工程划分为分部工程和施工过程，再考虑施工过程的合并和分解，确定施工项目。

2）基础工程：基槽开挖方法，基础工程施工顺序，施工流向，施工段划分，组织流水施工的基本思路，回填土的施工方法，保证工程质量的措施。

3）主体结构工程。

① 主体结构工程的施工内容，施工顺序，施工段与施工层划分，组织流水施工的基本思路。

② 垂直运输机械的选择，脚手架的搭设方法。

③ 砌筑工程：材料运输方式（砖、砂浆），砌体组砌方式，砌筑方法，轴线及标高的

方法，砌墙与预制构件安装的配合关系（如过梁、预制楼梯等），门窗框的安装方法，保证砌筑工程质量的措施。

④ 现浇混凝土工程：

模板工程：模板种类，支模、拆模方案，平面位置和标高控制方法。

钢筋工程：钢筋配料，加工、绑扎、安装方法。

混凝土工程：混凝土搅拌和运输方法，机具选择，混凝土浇筑方法，施工缝留设及处理，混凝土的捣实与机械，养护制度，保证现浇混凝土工程质量的措施。

⑤ 预应力空心板安装：板的运输方式，安装方法，板缝灌注，以及施工注意事项。

⑥ 楼面抄平放线，轴线引测，标高传递方法。

4）屋面工程：屋面工程的施工内容，屋面工程各层次施工技术要求，材料的运输方式，屋面分部工程与其他分部工程施工的时间关系，保证屋面工程施工质量的措施。

5）装修工程：装修工程中室外、室内装修工程的内容，确定施工顺序，施工段划分，组织流水施工的基本思路，各装修项目的施工方法，技术要求，材料运输方式，保证工程质量的措施。

（3）施工进度计划

1）确定施工顺序。根据建筑结构特点及施工条件，尽量做到争取时间，充分利用空闲，处理好各工序之间的施工顺序，加速施工进度。

2）划分施工项目。根据结构特点，已定的施工方法的劳动组织，适应进度计划编制的要求，拟定施工项目和工序名称。

3）划分流水施工段。各施工段的工程量要大致相等，以保证各施工班组能连续、均衡地施工。划分施工段的界限要能保证施工质量及有利于结构的受力。

4）工程量计算。按施工顺序的先后计算工程量，计算单位应与定额单位一致，回填土等要按流水施工段的划分列出分层、分段的工程量，以便于安排进度计划。

5）计算劳动量和机械台班。

6）确定各施工项目的作业时间。根据劳动力和机械需要量，以及各工序每天可能的出勤人数与机械数量，并考虑到工作面的大小，确定各工序的作业时间。

7）编制横道计划图。根据各施工项目的搭设关系，编制横道计划草图，先安排主导工程的施工进度，其余的分部工程应尽可能配合主导工程来安排进度，并将各分部工程最大限度地合理搭接起来，使其相互联系，汇成单位工程施工进度计划的初步方案。

8）检查与调整施工进度计划。进度计划初步方案编好后，检查各分部分项工程的施工时间和施工顺序安排是否合理及总工期是否满足规定工期的要求，是否出现劳动力、材料、机具需要较大的不均衡现象，以及施工机械是否充分利用等。经过检查，对不符合要求的部分需要进行调整和修改。

（4）主要劳动力、材料、预制构件及机械设备的供应计划

1）劳动力需要量计划，其编制方法是：将单位工程施工进度计划表内所列各施工过程

每天所需工人人数按工种进行汇总，即为每天所需的工种人数。

2）主要材料需要量计划、材料名称、规格、使用时间，并考虑各种材料的储备定额和消耗定额进行汇总，即为每天所需材料数量。

3）构件和加工半成品计划，按所需规格、数量和需用时间，并考虑进度计划要求进行编制。

4）施工机械需用计划，根据采用的施工方案和安排的施工进度来确定施工机械的类型、数量、进场时间，通常是对单位工程施工进度表中每一个施工过程进行分析确定。

（5）施工平面图　单位工程施工平面图是一幢建筑物的施工现场布置图。这是施工组织设计的主要组成部分，是进行施工现场布置的依据，也是有组织有计划地进行文明施工的先决条件。其绘制比例一般为1:200～1:500。要求绘制主体结构施工的施工现场平面布置图。

绘制步骤如下：

1）确定运输起重机械的位置。

2）确定搅拌站的位置（混凝土搅拌站20～25m²/台，砂浆搅拌站10～15m²/台）。

3）确定建筑材料、预制构件的堆场位置（用公式求堆场面积）。

4）确定运输道路。

5）布置临时设施。

6）布置水、电线路。

7）布置安全消防设施及围墙。

（6）主要技术组织措施

1）工程质量保证措施。

2）工程进度保证措施。

3）降低工程成本措施。

4）安全生产保证措施。

5）文明施工、环境保护保证措施。

复习思考题 //

1. 试述编制单位工程施工组织设计的依据和内容。

2. 单位工程施工组织设计包括哪些内容？其中关键部分是哪几项？

习题 //

根据给定的工程背景，编制对应的单位工程施工组织设计。

参 考 文 献

[1]　郑少瑛. 建筑施工组织 [M]. 北京：化学工业出版社，2015.

[2]　赵香贵. 建筑施工组织与进度控制 [M]. 北京：金盾出版社，2015.

[3]　蔡雪峰. 建筑施工组织 [M]. 2 版. 武汉：武汉理工大学出版社，2014.

[4]　李辉，蒋宁生. 工程施工组织设计编制与管理 [M]. 北京：人民交通出版社，2012.

[5]　徐运明，邓宗国. 建筑施工组织设计 [M]. 北京：北京大学出版社，2019.

[6]　庄淼，韩应军，冯春菊. 建筑工程施工组织设计 [M]. 徐州：中国矿业大学出版社，2016.